牧场设施设备实用技术系列丛书

挤奶设备检测技术

农业部农业机械试验鉴定总站　编

中国农业科学技术出版社

图书在版编目（CIP）数据

挤奶设备检测技术 / 农业部农业机械试验鉴定总站编.
— 北京：中国农业科学技术出版社，2014.12
（牧场设施设备实用技术系列丛书）
ISBN 978-7-5116-1941-9

Ⅰ. ①挤…　Ⅱ. ①农…　Ⅲ. ①挤奶设备－检测
Ⅳ. ①S817.2

中国版本图书馆CIP数据核字（2014）第283134号

责任编辑　徐　毅
责任校对　贾晓红

出 版 者　中国农业科学技术出版社
　　　　　北京市中关村南大街12号　　邮编：100081
电　　话　(010)82106631（编辑室）　(010)82109702（发行部）
　　　　　(010)82109709（读者服务部）
传　　真　(010)82106631
网　　址　http://www.castp.cn
经 销 商　各地新华书店
印 刷 者　北京华正印刷有限公司
开　　本　850mm×1168mm　1/32
印　　张　4.375
字　　数　120千字
版　　次　2014年12月第一版　2014年12月第一次印刷
定　　价　25.00元

牧场设施设备实用技术系列丛书

《挤奶设备检测技术》

编 委 会

前　言

挤奶设备是现代奶牛养殖的重要投入品，是规模化养殖、标准化养殖的必备设备。在奶牛养殖机械中挤奶设备是技术集成度最高的产品，其部件直接作用于奶牛的乳房并与牛奶直接接触，其性能直接影响奶牛健康和牛奶品质，一旦挤奶设备因故障导致不能正常挤奶，可能对奶牛造成伤害，牧场将承受巨大经济损失，因此，挤奶设备直接影响着人畜健康与安全，开展挤奶设备检测十分必要。2008 年至今，农业部连续 6 年开展挤奶设备部级鉴定，陆续将挤奶设备等奶牛养殖机械纳入国家农机购置补贴范围，推动了挤奶设备行业的健康发展，挤奶设备生产企业的生产保障能力和服务能力普遍增强，部分企业的研发能力得到提升，牧场奶牛挤奶设备机械化程度大幅度提高。

随着挤奶设备在牧场的广泛应用，一些问题也凸显出来。目前，绝大多数的牧场用户都不了解挤奶设备检测结果反映出的问题，挤奶设备生产企业的生产、维护人员对国家标准的理解也不是十分透彻、准确，按照国家标准规范地开展挤奶设备性能指标检测，并根据检测结果调整挤奶设备的设计、安装或是发现挤奶设备运行当中存在问题的能力，还需进一步加强。

近年来，党中央、国务院高度重视农牧业机械化发展，2007 年，国务院发布了《关于促进奶业持续健康发展的意见》(国发〔2007〕31 号)，意见提出“将牧业机械和挤奶机械纳入财政农机具购置补贴范围”；2012 年，中央一号文件提出“大力发展设施农业、畜牧水产养殖等机械装备，探索农业全程机械化生产模式”，这些都对加大奶牛养殖全程机械化试验示范力度、提高奶牛养殖机械化水平，提出了更高的要求。要实现发展现代奶业的目标，需要研究奶牛养殖全程机械化的相关环节，形成指导性的技术资料。农业部农业机械化管理司于2014年委托农业部农业机械试验鉴定总站开展《奶牛养殖全程机械化试验示范》研究，探索奶牛养殖全程机械化模式。农业部农业机械试验鉴定总站依托项目研究，以GB/T 5981—2011《挤奶设备 词汇》、GB/T 8186—2011《挤奶设备 结构与性能》、GB/T 8187—2011《挤奶设备 试验方法》3个国家标准为基础，结合多年挤奶设备现场检测经验，编写了《挤奶设备检测技术》一书，内容涉及挤奶设备检测基础知识介绍、挤奶设备真空系统、挤奶设备脉动系统、挤奶设备输奶系统、挤奶设备挤奶单元、挤奶设备测试常见问题分析与处理、挤奶设备高效测试等内容，以期更好地指导相关技术人员按照标准要求进行相关测试，并能根据测试结果研判挤奶设备目前的运行状态，查找出挤奶设备可能存在的问题，确保挤奶设备正常稳定运行。

全书由金红伟担任主编，农业部农业机械试验鉴定总站相关技术人员参与了本书编写工作。需要说明的是，在本书编写过程中，我们吸收了诸多前辈、学者的研究成果，并得到了有关领导和专家的支持，上海永济牧业设备有限公司和利拉伐（天津）有限公司为本书提供了大量图片和帮助，在此，一并表示感谢！由于时间仓促和水平有限，书中难免有不当之处，敬请业界同仁和广大读者斧正。

编　者

2014年11月

Contents

目 录

第一章

挤奶设备检测基础知识介绍

本章主要是对奶牛、水牛、绵羊、山羊或其他产奶的哺乳动物家畜挤奶设备的设计、制造与使用、检测中所涉及的词汇、测试条件、检测设备等相关基础知识进行介绍。通过对挤奶设备及其检测基础知识的学习，能够使我们了解目前有哪些类型的挤奶设备，挤奶设备的主要组成部分和主要工作部件，这些基础知识的掌握对我们学习掌握挤奶设备检测技术非常重要。

第一节 挤奶设备的基础知识

一、挤奶设备定义及分类

（一）挤奶设备的基本定义

挤奶设备是指用于挤奶的全套机械设备，通常包括真空系统、脉动系统、奶系统、一套或多套挤奶单元以及其他部件。

从挤奶设备的定义中可以看出，只要是具备以上几个系统，并能实现对家畜的挤奶作业，就是挤奶设备，棚架系统并非挤奶设备的必要组成部分，而是根据客户的需求加以设计安装。

（二）挤奶设备的分类

1. 根据挤奶设备的基本功能和工作特征分类

挤奶设备可分为自动挤奶设备、桶式挤奶设备、直接入罐式挤奶设备、管道式挤奶设备、计量式挤奶设备、奶气分送式挤奶设备等多种类型。

（1）自动挤奶设备。对识别家畜进行无人值守挤奶的挤奶设备，见图 1-1。

▶ 图1-1　自动挤奶设备

自动挤奶设备即通常所说的挤奶设备机器人。为实现无人值守挤奶，自动挤奶设备应包括：

——运行和监测的硬件和软件；

——挤奶家畜分选系统；

——挤奶杯自动套杯和脱杯装置；

——乳头清洁药浴装置；

——挤奶设备清洗卫生系统；

——挤奶、冷却、清洗和卫生处理过程的警报系统。

（2）桶式挤奶设备。有一个或两个挤奶杯组、挤出的奶直接进入一个便携式提桶的挤奶设备，奶桶与真空系统相连，见图 1-2。

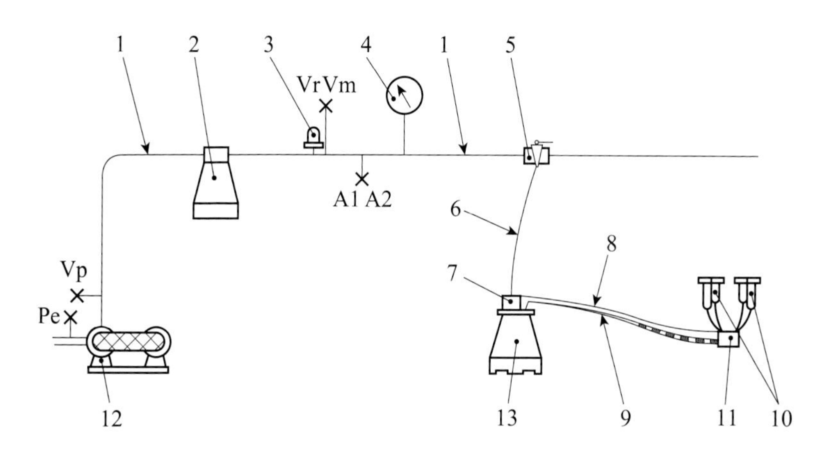

▶ 图1-2 桶式或直接入罐式挤奶设备示例

1 真空管；2 真空稳压罐；3 调节器；4 真空表；5 真空接口；6 真空管；7 脉动器；8 长脉动管；9 长奶管；10 奶杯；11 集乳器；12 真空泵；13 挤奶桶或挤奶罐

A1，A2：空气流量计连接点；Vr、Vm、Vp：测量真空点；Pe：测量排气压力点

（3）直接入罐式挤奶设备。与桶式挤奶设备类似，但有两个以上的挤奶杯组，挤出的奶直接进入一个移动运输罐或奶罐，该罐可收集并容纳多头家畜的奶，见图 1-2。

（4）管道式挤奶设备。挤奶杯组挤出的奶直接进入输奶管道的挤奶设备，见图 1-3。

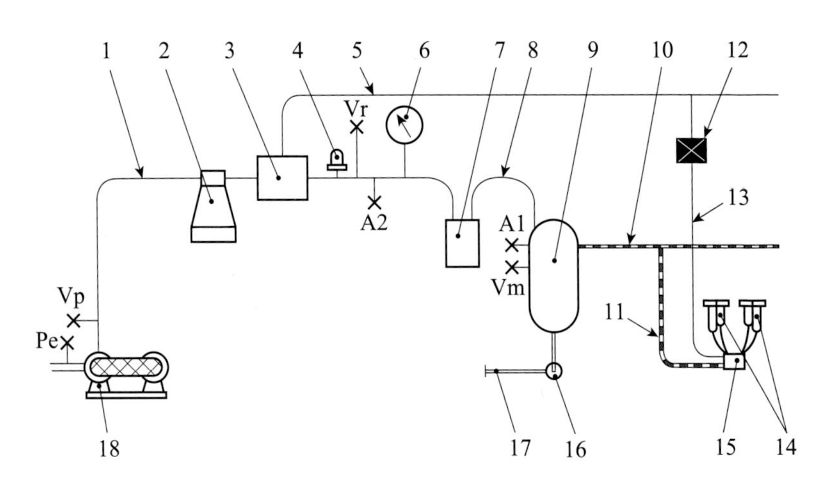

▶ 图1-3 管道式挤奶设备示例

1 主真空管道；2 真空稳压罐；3 分配罐（可选）；4 调节器；5 脉动器真空管道；6 真空表；7 气液分离器；8 过桥；9 集乳罐；10 挤奶管道；11 长奶管；12 脉动器；13 长脉动管；14 奶杯；15 集乳器；16 排奶泵；17 排奶管道；18 真空泵

A1：空气流量计连接点；Vr、Vm、Vp：测量真空点；Pe：测量排气压力点

（5）计量式挤奶设备。挤奶杯组挤出的奶流入计量装置的挤奶设备，计量装置有计量瓶、分流计量和电子计量 3 种，可根据用户需要安装。计量装置与挤奶真空管道相连，因而计量装置内处于真空状态。需要时，计量装置中的奶可通过输奶管道进入集乳罐。

通常情况下，计量式挤奶设备是不装分配罐的，而且脉动真空管也不是从分配罐或是真空稳压罐中分出，而是从调节器之后、气液分离器之前的主真空管路分出。

与管道式挤奶设备相比，计量瓶式挤奶设备需要有一个单独的真空管路为计量瓶供气，见图 1-4。

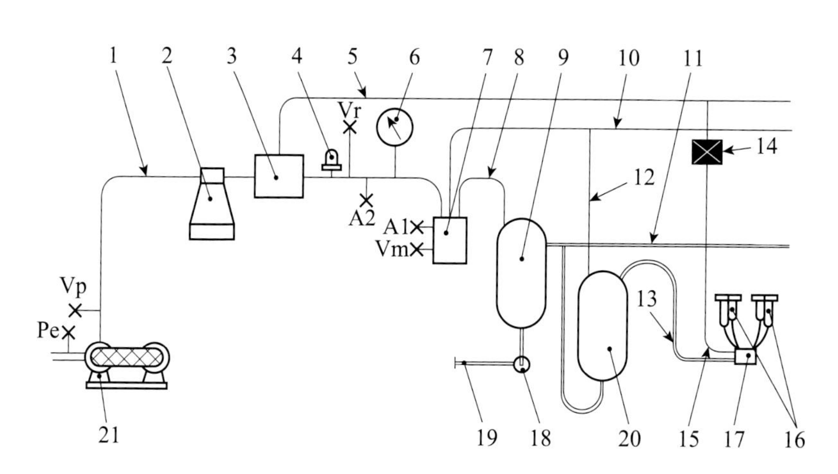

▶ 图1-4　计量瓶式挤奶设备示例

1 主真空管道；2 真空稳压罐；3 分配罐（可选）；4 调节器； 5 脉动器真空管道；6 真空表；7 气液分离器；8 过桥；9 集乳罐；10 挤奶真空管道；11 输奶管道；12 挤奶真空管；13 长奶管；14 脉动器；15 长脉动管；16 奶杯；17 集乳器；18 排奶泵；19 排奶管道；20 计量瓶；21 真空泵

A1、A2：空气流量计连接点；Vm、Vr、Vp：测量真空点；Pe：测量排气压力点

（6）奶气分送式挤奶设备。奶气在挤奶杯组中或附近分开，然后分别输送的挤奶设备，见图 1-5。

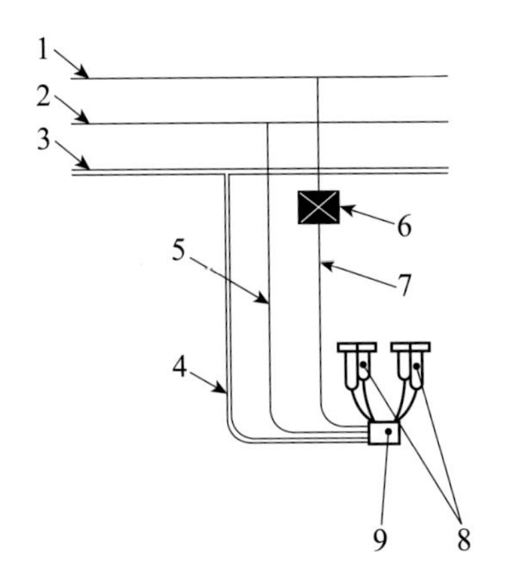

▶ 图1-5 奶气分送式挤奶设备示例

1 脉动器真空管道；2 挤奶真空管道；3 输奶管道；4 长奶管；5 挤奶真空管；6 脉动器；7 长脉动管；8 奶杯；9 集乳器

2. 根据挤奶设备的结构特点分类

在实际生产生活中，人们通常喜欢根据挤奶设备的结构特点命名。按挤奶杯组或挤奶设备是否能够移动可将挤奶设备分为移动式、管道式和厅式，厅式挤奶设备按照棚架结构形式分为平面式、中置式、鱼骨式、并列式和转盘式。

（1）移动式挤奶设备。可以移动的小型挤奶设备，常见的为 1 个杯组或 2 个杯组。工作原理同桶式挤奶设备，见图 1–6。

▶ 图1-6　移动式挤奶设备

(2) 管道式挤奶设备。使用插拔式挤奶杯组，接入真空管路和输奶管路连接插座，挤奶杯组挤出的奶直接进入输奶管道，见图1-7。

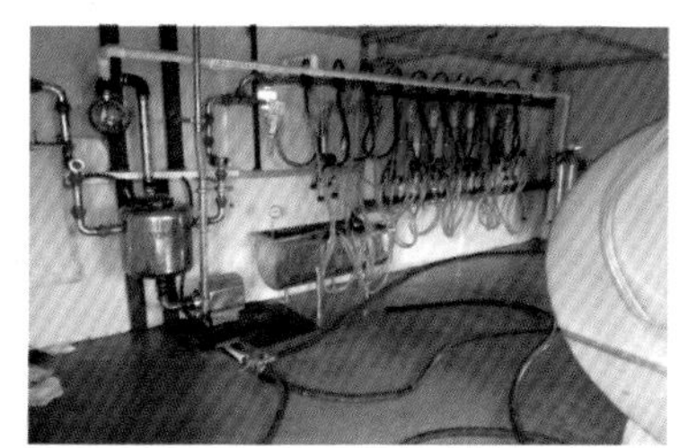

▶ 图1-7　管道式挤奶设备

（3）平面式挤奶设备。挤奶管道、真空管道安装在奶厅正中或两侧，奶厅为水平地面无工作坑道，见图 1-8。

▶ 图1-8　平面式挤奶设备

（4）中置式挤奶设备。挤奶管道和真空管道设置于挤奶厅正中，棚架安装在工作坑道两侧，见图 1-9。

▶ 图1-9　中置式挤奶设备

（5）鱼骨式挤奶设备。挤奶管道、真空管道和挤奶杯组平行安装在奶厅工作坑道的两侧，棚架的结构形式限定家畜朝一个角度站立挤奶，形似鱼骨，见图 1-10。

▶ 图1-10　鱼骨式挤奶设备

（6）并列式挤奶设备。挤奶管道、真空管道和挤奶杯组平行安装在奶厅的工作坑道两侧，棚架的结构形式限定家畜平行站立挤奶，见图 1-11。

▶ 图1-11　并列式挤奶设备

（7）转盘式挤奶设备。转盘式挤奶设备可分为坑道内挤奶和坑道外挤奶两种类型。挤奶平台为圆形转盘台架，挤奶管道和真空管道安装成圆形，挤奶单元均匀分布于圆形转盘台架的内侧或外侧。家畜进入转盘台架，台架的转动将家畜移至操作员所在位置，操作员便能挤奶操作。转盘台架转动一圈后，挤完奶后的家畜便可从出口退出挤奶平台，见图 1-12。

▶ 图1-12　转盘式挤奶设备

二、挤奶设备真空系统

（一）挤奶设备真空系统的基本定义

挤奶设备真空系统是指在真空下且不与奶接触的挤奶设备的部件。

挤奶设备真空系统包括：真空泵、真空调节器、真空表、主真空管道、真空稳压罐、分配罐、气液分离器、挤奶真空管道、真空管、真空接口、脉动器接口、过桥等。

（二）挤奶设备真空系统的主要构成部分

1. 真空泵、调节式真空泵

排出系统中的空气从而产生真空的抽气泵称之为真空泵，见图 1-13；调节式真空泵是通过变频器控制电机转速来改变真空泵抽气量，以维持稳定的系统真空度，见图 1-14。

▶ 图1-13　真空泵机组

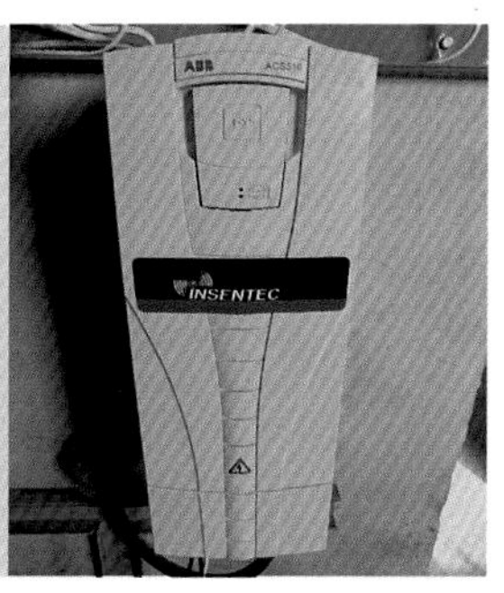

▶ 图1-14　真空泵机组和变频器

2. 真空调节器

用于控制奶系统和真空系统真空度的自动装置，见图 1-15。

真空泵和真空调节器组成一个单元，以在规定范围内维持恒定真空度。调节器可控制泵的抽气速率，或泵抽气速率恒定让空气进入真空系统，或结合两种方式。

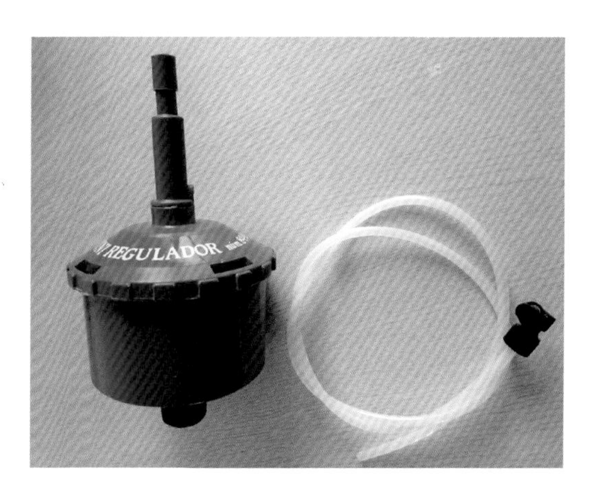

▶ 图1-15　真空调节器

3. 真空表

显示挤奶系统相对于大气压的真空度的仪器，见图 1-16。

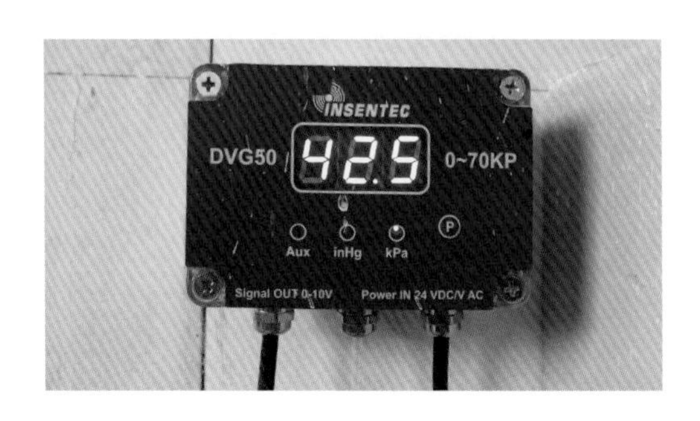

▶ 图1-16 真空表

4. 主真空管道

真空泵与气液分离器之间的真空管道。

5. 真空稳压罐

装在主真空管道中、储备真空并防止液体或固体杂物进入真空泵的容器，见图 1-17。

▶ 图1-17 真空稳压罐

6. 分配罐

装在主真空管道中的一个罐或腔体，处于真空泵或真空稳压罐上游，作为其他管道的分接点，见图 1-18。

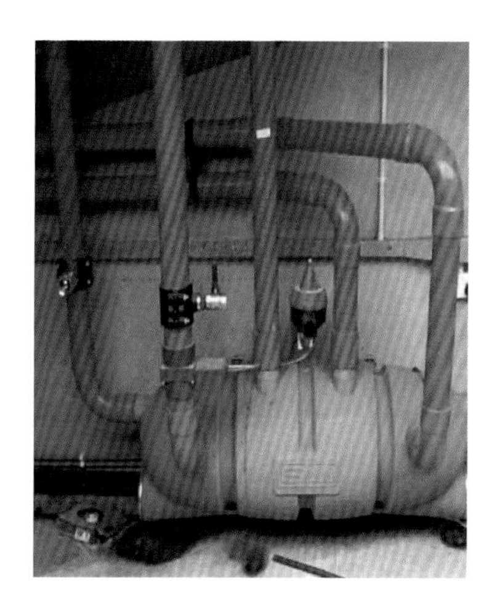

▶ 图1-18　分配罐

7. 气液分离器

奶系统与真空系统之间的罐，用以限制两系统之间液体和其他污物的相互运动，见图 1-19。

▶ 图1-19　气液分离器

8. 挤奶真空管道

计量式挤奶设备或奶气分离式挤奶设备中位于气液分离器和挤奶杯组之间的管道。该管道向挤奶杯组提供挤奶真空，也可以用作清洗回路的一部分。

9. 真空管

挤奶桶或挤奶罐与真空管道之间的连接软管，见图 1-20。

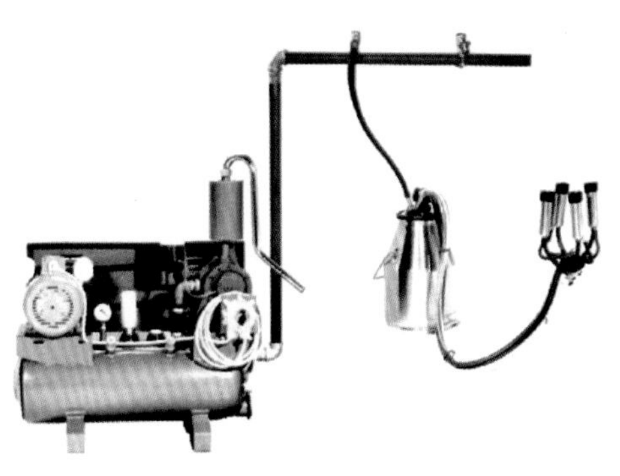

▶ 图1-20　真空管

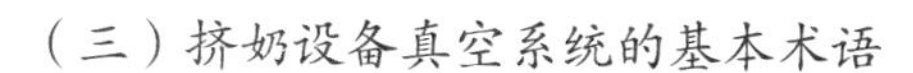

（三）挤奶设备真空系统的基本术语

1. 真空泵抽气速率

当真空泵已达到工作温度、并以一特定转速运行、且入口处真空度处于一特定值时，真空泵转移空气的能力。

真空泵抽气率表达方式为每分钟移动自由空气的体积，见图1-21。

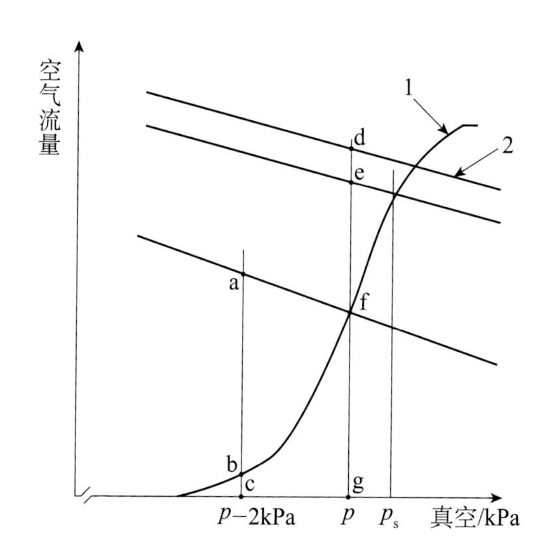

▶ 图1-21　真空泵抽气速率、部件用气量、有效储备量、实际储备量和调节特性曲线的关系

1 调节特性曲线；　2 真空泵抽气率特性曲线

a-b：有效储备量；a-c：实际储备量；

b-c：调节损失；d-e：连续工作部件耗气量和系统泄漏量；

e-f：挤奶单元耗气量；d-g：工作真空度下的真空泵抽气速率；

f-g：所有单元工作时通过调节器的气流量；

p：所有单元工作时的工作真空度；

p_s：无单元工作时的工作真空度；

p_{s-p}：调节灵敏度

2. 有效储备量

所有单元接通、挤奶杯闭塞时，通过连接点 A1 处使测量点 Vm 处真空度下降 2kPa 的空气流量，见图 1-2、图 1-3、图 1-4。

3. 实际储备量

在与有效储备量相同的测量位置和测量条件下，但真空不被真空调节器控制时测得的空气流量。

当通过调节器的气流停止，挤奶时调节式真空泵在最大速度下运行。

4. 调节器泄漏量

当空气进入挤奶设备，调节器传感点的真空降达到 2kPa 时，调节器漏入的空气流量。假定调节器在此状况下名义上是关闭的。

5. 调节器损失量

实际储备量与有效储备量之差，见图 1-21。

6. 调节灵敏度

挤奶单元未接通时的工作真空度与所有挤奶单元均接通并工作且挤奶杯均闭塞时的工作真空度之差，见图 1-21。

三、挤奶设备脉动系统

（一）挤奶设备脉动系统的基本定义

挤奶设备脉动系统是指奶杯中提供奶杯内套运动的设备。

挤奶设备脉动系统包括：脉动器、脉动信号发生仪、脉动

器真空管道、主脉动器真空管道、长脉动管、短脉动管、脉动室等。

（二）挤奶设备脉动系统的主要构成部分

1. 脉动器

使相连的空腔内（通常为脉动室的压力）在真空度和大气压之间周期性切换的装置，见图 1-22。

▶ 图1-22　电子脉动器

2. 脉动信号发生仪

提供信号以操作电子脉动器的装置，见图 1-23。

▶ 图1-23　脉动信号发生仪

3. 脉动器真空管道

连接主真空管道与脉动器的管道。

4. 主脉动器真空管道

脉动器真空管道中主真空管道和第一个分支间的部分。如果没有分支，就没有主脉动器真空管道。

5. 长脉动管

脉动器和挤奶杯组的连接管，见图 1-24。

▶ 图1–24　长奶管和长脉动管

6. 短脉动管

脉动室和集乳器之间的连接管。见图 1–24。

7. 脉动室

内套和奶杯外壳之间的空腔。

（三）挤奶设备脉动系统的基本术语

1. 脉动

奶杯内套的周期性开闭。

2. 脉动循环

奶杯内套的一个完整的循环运动。

3. 脉动频率

每分钟脉动循环的次数。

4. 交替脉动

脉动特征是一个挤奶杯组中的两个奶杯内套与另外两个奶杯内套的运动相互交替，或者在仅有两个奶杯的挤奶杯组中，如绵羊或山羊挤奶设备等，一个奶杯内套的运动与另一个奶杯内套的运动相互交替。

5. 同步脉动

脉动特征是挤奶杯组中所有奶杯内套的周期运动同步进行。

6. 脉动室最大真空

在一个脉动循环的 10% 的时间段上，脉动室中的最大平均真空度。

7. 脉动器频率

每分钟内脉动系统的循环数。对同一脉动系统，脉动器频率等于脉动频率。

8. 真空增加时相

a 时相：

脉动室的真空度从 4kPa 增至最大脉动室真空度以下 4kPa 的时间段，见图 1–25。

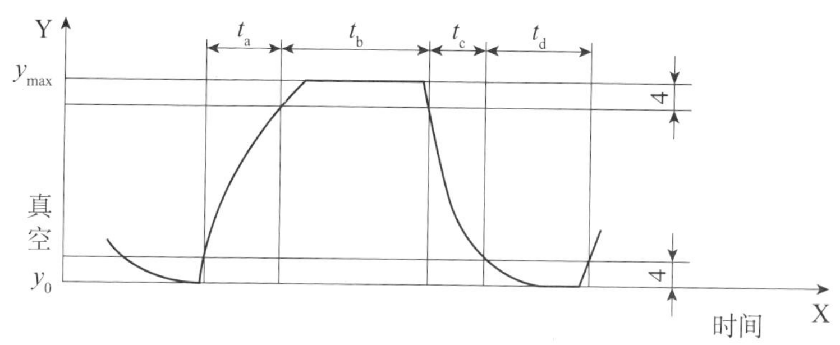

▶ 图1-25 脉动室真空度记录曲线

X：时间；*Y*：真空度，单位为千帕（kPa）；y_{max}：脉动室最大真空度；y_0：大气压；
t_a：真空增加时相的时长；t_b：最大真空时相的时长；
t_c：真空下降时相的时长；t_d：最小真空时相的时长

9. 最大真空时相

b 时相：

脉动室的真空度大于最大脉动室真空度以下 4kPa 的时间段，见图 1-25。

10. 真空下降时相

c 时相：

脉动室的真空度从最大脉动室真空度以下 4kPa 降至 4kPa 的时间段，见图 1-25。

11. 最小真空时相

d 时相：

脉动室的真空度小于 4kPa 的时间段，见图 1-25。

12. 脉动器比率

真空增加时相与最大真空时相之和与脉动室真空度的整个循环时间之比，见图 1-25。

脉动器比率用下式决定的百分数表示：

$$\frac{t_a+t_b}{t_a+t_b+t_c+t_d}\times 100 \quad (1-1)$$

式中：

t_a——a 相的时间长度（真空增加时相），此时，奶杯的脉动室中真空度从 4kPa 增至脉动室最大真空度减去 4kPa。

t_b——b 相的时间长度（最大真空时相），此时，奶杯脉动室中的真空度高于脉动室最大真空度减去 4kPa。

t_c——c 相的时间长度（真空下降时相），此时，真空度从脉动室最大真空度减去 4kPa 降至 4kPa。

t_d——d 相的时间长度（最小真空时相），此时，脉动室真空度在 4kPa 与大气压力之间。

13. 不对称性

同一挤奶杯组中不同奶杯处测得的脉动器比率的差异，以百分数表示。

四、挤奶设备奶系统

（一）挤奶设备奶系统的基本定义

挤奶设备奶系统是指挤奶设备中与奶接触的部分，见图 1-4。

挤奶设备奶系统包括：挤奶管道、长奶管、挤奶真空管、挤奶接口、进奶接口、计量装置、输奶管道、集乳罐、排奶器、排奶泵、排奶管道等。

（二）挤奶设备奶系统的主要构成部分

1. 奶系统

挤奶设备中与奶接触的部分。

2. 挤奶管道

挤奶期间输送奶液与气体的管道，具有提供挤奶真空度和向集乳罐输奶的双重功能，见图 1–26。

▶ 图1–26　挤奶管道

（1）环路挤奶管道。两侧挤奶管道在近端与集乳罐相连，远端的管道连通形成封闭回路，见图 1–27。

环路挤奶管道近端　　　　环路挤奶管道远端

▶ 图1-27　环路挤奶管道近端（图左）、远端（图右）

（2）单路挤奶管道。挤奶管道近端与集乳罐相连，远端用盖或塞封闭。

3. 长奶管

将挤奶杯组中奶液输送出去的连接管。

4. 挤奶真空管

集乳器或计量瓶和挤奶真空管道之间的连接软管，它向集乳器提供真空度，但不输送奶液，见图 1-4 和图 1-5。

5. 挤奶系统

挤奶设备各部件的集合，实现为挤奶杯组提供挤奶真空度和将奶从挤奶杯组中输送出去的双重功能。

（1）高位配置挤奶系统。挤奶管道或计量瓶上的挤奶接口或进奶管口与牛床表面的距离大于 1.25m 的挤奶系统，见图 1-28。

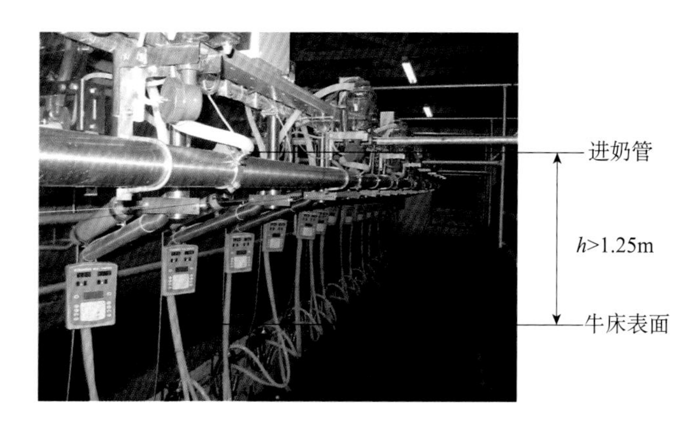

▶ 图1-28　高位配置挤奶系统

（2）中位配置挤奶系统。挤奶桶（或挤奶罐）、挤奶管道或计量瓶上的挤奶接口或进奶管口与牛床表面的距离在 0 ～ 1.25m 的挤奶系统，见图 1-29。

▶ 图1-29　中位配置挤奶系统

（3）低位配置挤奶系统。挤奶桶（或挤奶罐）、挤奶管道或计量瓶上的挤奶接口或进奶管口低于牛床表面的挤奶系统，见图 1-30。

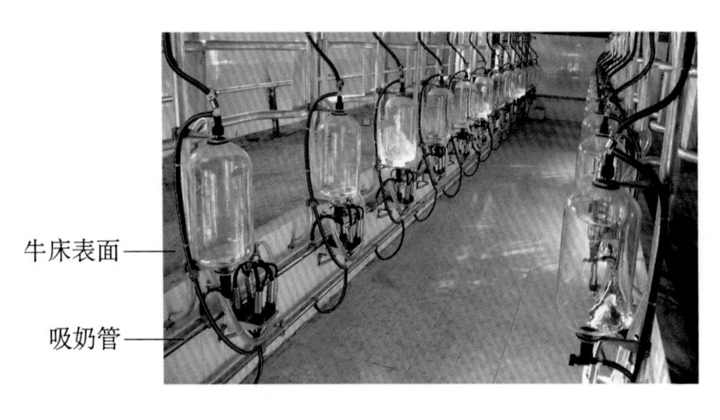

▶ 图1-30 低位配置挤奶系统

6. 计量瓶

标有刻度的容器，可接收、存放并计量单个家畜的全部出奶，在真空度下将奶传输到集奶罐或其他集乳容器中，见图 1-31。

▶ 图1-31 计量瓶（图左）、分流计量（图中）和电子计量装置（图右）

7. 输奶管道

在真空度下，从计量瓶或长奶管向集乳罐或其他集乳容器传

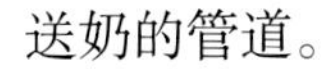
送奶的管道。

8. 集乳罐、集乳罐进奶管口

集乳罐是指接受一条或数条挤奶管道或输奶管道中的奶并提供给排奶器、排奶泵或真空度状态下的乳液接收装置的一个容器。集乳罐进奶管口是指集乳罐上的固定管口，供挤奶管道或输奶管道与集乳罐连接用，见图 1-32。

▶ 图1-32　集乳罐（图左）及排奶泵（图右）

9. 排奶泵

将奶液从真空下移送到大气压下的泵，见图 1-32。

10. 排奶管道

奶液从排奶器流向奶罐或贮存罐的管道，见图 1-33。

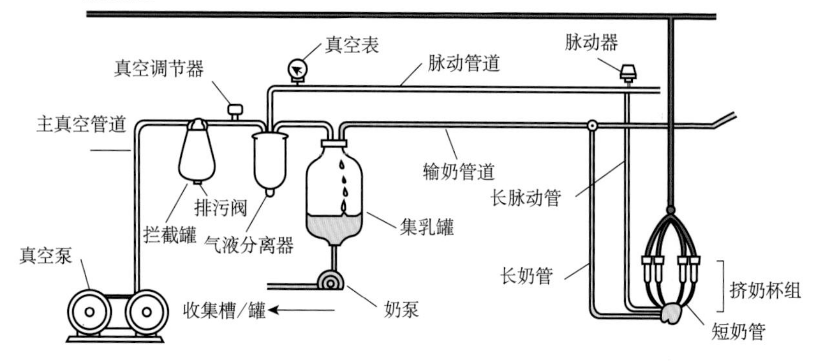

▶ 图1-33　排奶管道、奶泵至收集罐之间的管道

五、挤奶设备挤奶单元

（一）挤奶设备挤奶单元的基本定义

挤奶单元是指为单头家畜挤奶必需的部件组合，一台挤奶设备上可有多个挤奶单元，以便同时对多头家畜挤奶。

挤奶单元可包括一个挤奶杯组、长奶管、长脉动管和一个脉动器，还可能包括一个桶或计量瓶或计量器和其他附件。

（二）挤奶设备挤奶单元的主要构成部分

1. 挤奶杯组

由奶杯组成的、对一头家畜挤奶的组件，可能包括一个集乳器、长奶管和短奶管间的连接部件以及长脉动管和短脉动管间的连接部件，见图 1-34。

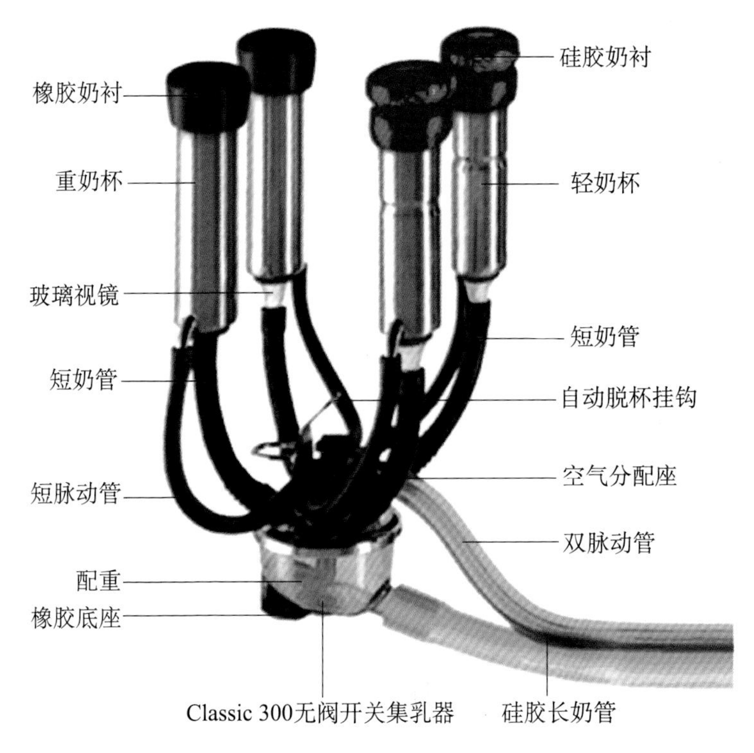

▶ 图1-34　挤奶杯组

2. 奶杯

由奶杯外壳、奶杯内套组成的部件，也可能包含短脉动管、一根单独的短奶管、接头或观察管，见图 1-35。

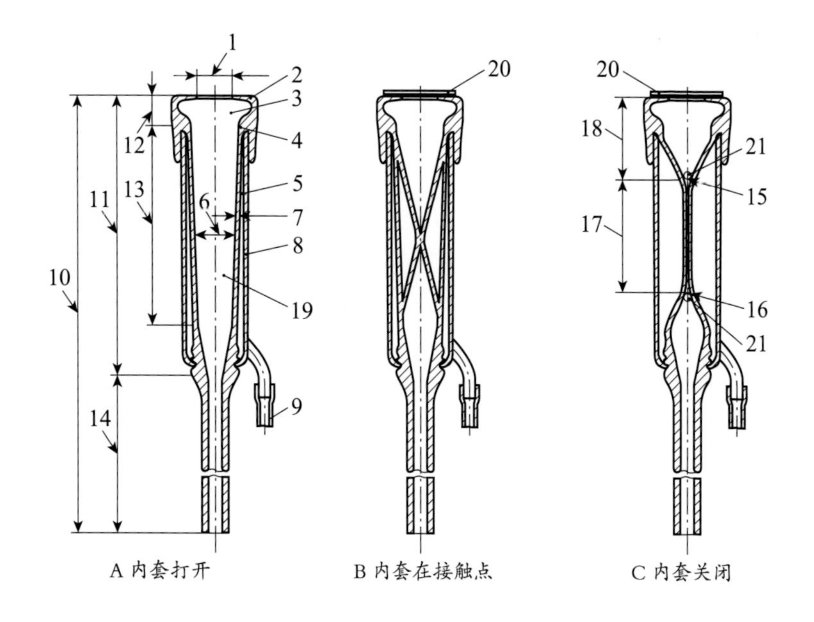

▶ 图1–35　奶杯剖面图

1 口唇直径；2 口唇端；3 口部腔室；4 内套喉部；5 脉动室； 6 内套直径；7 内套壁厚；8 奶杯外壳；9 短脉动管；10 奶杯；11 奶杯内套；12 杯口；13 套筒；14 短奶管；15 上接触点；16 下接触点；17 内套收缩长度；18 杯口深度；17+18 内套有效长度；19 乳头室；20 保持内套真空的盖；21 直径 5 mm 的球

（1）奶杯外壳。装内套的刚性外壳，见图 1–35。

（2）奶杯内套。挠性套管，有奶杯口和管体，有的还有连为一体的短奶管，见图 1–36。

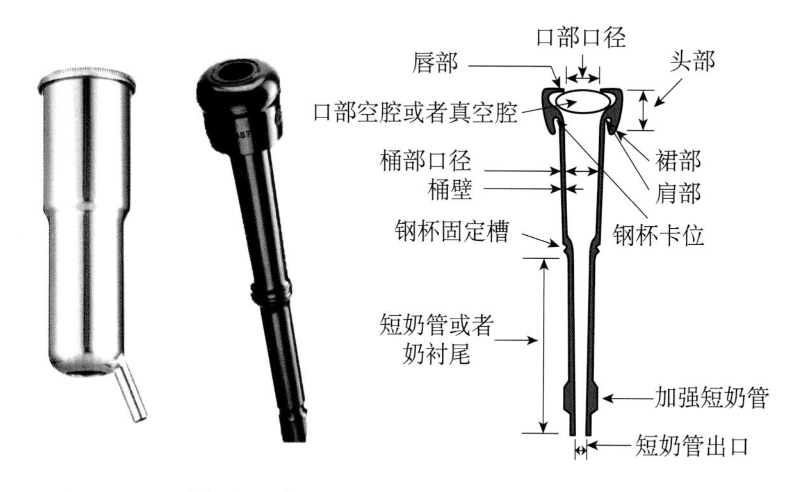

▶图1-36　奶杯外壳（图左）、一体化奶衬（图中）、奶衬各部分名称（图右）

（3）奶杯口。挤奶家畜乳头或清洗头进入奶杯内套的入口，见图 1-36。

（4）短奶管。集乳器和奶杯内套管体、接头或观察管之间的连接管。

（5）自动奶杯阀。挤奶单元中，当套上奶杯时自动接通奶杯内套的真空度，脱奶杯时自动关闭奶杯内套的真空的装置。

3. 集乳器

具有若干歧管的容器，使各奶杯相隔安装，构成挤奶杯组，并将奶杯与长奶管和长脉动管相连，见图 1-37。

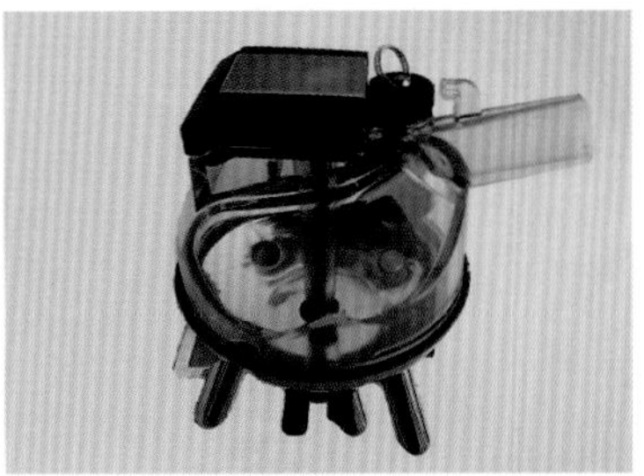

► 图1-37　集乳器

4. 自动关闭阀

挤奶单元内的一个阀，在一个或多个挤奶杯脱落或被踢掉时立即关断奶杯或挤奶杯组的真空度。

5. 奶杯塞

为试验目的模拟家畜乳头，塞堵奶杯的奶杯口的塞子或堵塞物，见图 1-38。

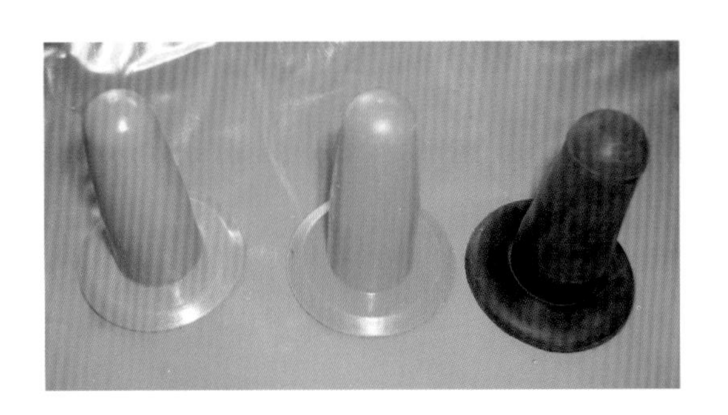

► 图1-38　奶杯塞

6. 奶量计

用于计量单头家畜的全部出奶量的装置，见图 1-31。

7. 奶量指示器

用于指示奶流量的装置。见图 1-39。

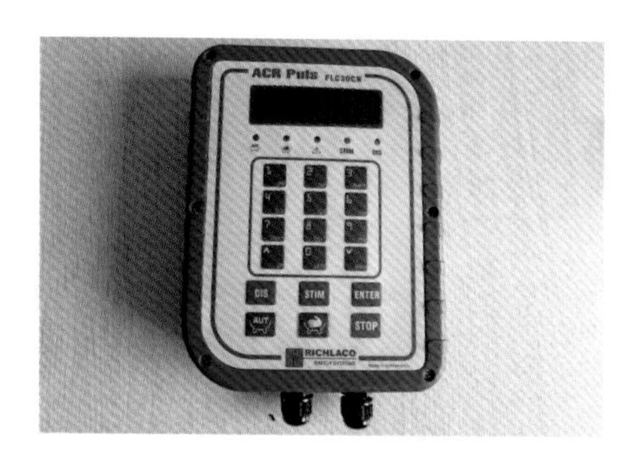

▶ 图1-39　奶量指示器

8. 奶量传感器

用于传感一个或数个奶流量水平信号的装置，见图 1-40。

▶ 图1-40　奶量传感器

9. 自动奶杯套杯装置

不用人为干预、自动套奶杯到待挤家畜乳头上的装置。

10. 自动奶杯脱杯装置

关闭挤奶真空后，不用人为干预将一个奶杯自动脱落的装置。

11. 挤奶单元自动脱落装置

关闭所有奶杯的挤奶真空后，不用人为干预将挤奶杯组的奶杯全部自动脱落的装置。见图 1-41。

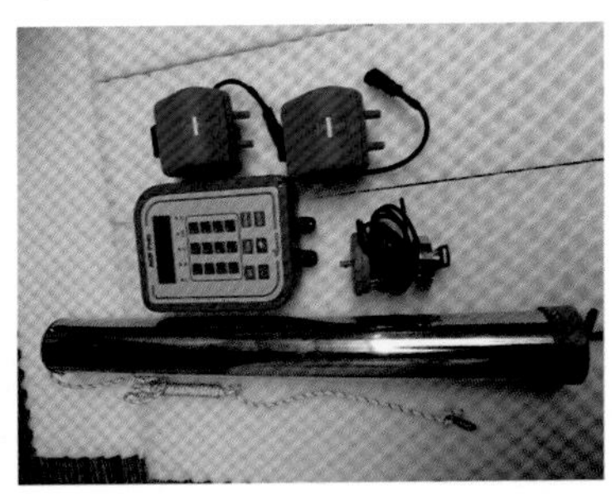

▶ 图1-41　挤奶单元自动脱落装置

六、挤奶设备清洗

（一）挤奶设备清洗的工作原理

挤奶设备清洗是指在挤奶作业前和挤奶作业完成后，为清除挤奶设备中与奶接触的工作部件中的奶垢或残奶，减少细菌滋生，而对挤奶设备进行的清洗消毒过程。

（二）挤奶设备清洗的基本术语

（1）清洗。从奶接触面清除污物、减少细菌增长的过程。

（2）冲洗。用水清洗。

（3）消毒。用消毒剂清洗。

（4）就地清洗、原位清洗。不用拆卸即可工作的奶清洗与消毒系统。

（5）清洗托。在清洗期间插接奶杯的部件，用于在清洗管道或挤奶真空管道与奶杯之间建立连接，以便有效清洗挤奶杯组，见图 1-42。

图1-42　清洗托

（6）清洗管道。在清洗过程中，将清洗和消毒液从清洗槽或热水器输送至各挤奶单元、挤奶管道或挤奶真空管道的管道，见图 1-43。

▶ 图1-43　清洗管道

（7）清洗用气。清洗过程中吸入用于增加清洗溶液湍流和速度的气体。

第二节
挤奶设备检测用仪器设备

挤奶设备性能检测比较复杂，所涉及的检测项目也比较多，如大气压力、温度、湿度、海拔、真空度、真空泵排气口压力、真空泵转速、真空泵有效储备量、真空泵生产能力、真空管路泄漏量、挤奶系统泄漏量、调节器灵敏度、调节器损失量、调节器泄漏量、脉动频率和脉动比率、管路真空降等，因此，会用到较

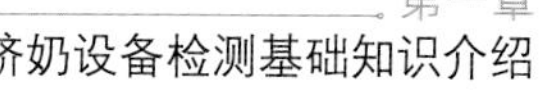

多的仪器设备。

根据所需检测的项目，挤奶设备检测用仪器设备主要有：真空压力表、大气压力表、温湿度计、空气流量计、脉动分析仪、真空转速表等。

一、挤奶设备检测用仪器设备的一般要求

挤奶设备检测用仪器设备的精度（最大误差）和操作者的技术应保证能充分满足 GB/T 8186 中要求的测量精度。仪器设备应定期校正以确保其性能指标。

（一）真空度测量

真空测量仪精度应达到 ±0.6kPa，重复测量精度应达到 ±0.2kPa。

精度为 1.0 级的真空表，如在与测定真空度相近的条件下校准后可满足上述要求。真空表精度指最大容许误差与真空表量程的百分比。

（二）测量真空度随时间的变化

测量真空度随时间的变化的仪器应满足下表中的最低要求。如果采样率远高于下表中给出的最小采样率，则应使用滤波器。滤波频率最大不应超过测量频率的 50%，近似于预期捕捉的信号频率。

下表给出的最低要求保证能测量实际振幅的 90% 和真空度变化率，与记录设备分辨率（0.2kPa）的 90% 中的较大者。

表　真空记录系统的最小采样速率和最小响应率

测试序号	测试类型	最小采样率（Hz）	最小响应率（kPa/s）
1	集乳罐和挤奶设备空机测试	24	100
2	测试脉动器	100	1 000
3	挤奶管道模拟测试或挤奶测试	48	1 000
4	集乳器模拟测试或挤奶测试	63	1 000
5	短奶管模拟测试或挤奶测试	170	2 500
6	挤奶时内套滑动短奶管真空度变化测试	1 000	22 000
7	挤奶时奶杯踢落短奶管真空度变化测试	2 500	42 000

注：在时相 a 和 c（见本书真空增加时相和真空下降时相的定义）的初始时刻，脉动室的正常真空度变化大约 1 000kPa/s

（三）大气压力的测定

大气压力测定仪的精度应在 ±1kPa 范围内。

（四）测定排气口压力

排气口压力测定仪的精度应在 ±1kPa 范围内。

（五）空气流量测量仪

测定空气流量的仪器，在大气压 80 ～ 105kPa、真空度 30 ～ 60kPa 下，其最大误差不得超过测量值的 5%（重复测量误差为 1%）与 1 L/min 中的较大值。必要情况下要提供修正曲线以达到该精确度。

固定式孔板流量计可用来测量系统从大气的进气量。这种流量计是一种能控制进入真空系绕气流量的可调节校准阀。

为测量挤奶杯组或奶杯进气量及泄漏量，有必要使用一流量计实际测量经过的气流量。推荐使用变截面流量计测定。当插进长奶管中测量时，所测得的是放大的气流，需要校准或校正到可用真空度或大气压。

由于流量计均是在工作真空度下进行测量，因此，要按照制造商的使用说明书要求，根据对真空度和环境大气压力对读数进行修正。

在 GB/T 8187—2011 附录 B 中，给出了一种不使用流量计测量空气流量的方法。

（六）脉动性能测量仪

用于测量脉动器性能的仪器（包括连接管），测量脉动频率的精度应达 ±1 次 /min，测量脉动相位和脉动比率精度应达 1%（图 1–25 和上表）。

用于连接设备的管接头和三通的尺寸，应由仪器制造商确定。

（七）真空泵转速测量仪

用于测量真空泵转速的仪器，测量值最大误差不得超过 2%。

二、挤奶设备检测用仪器设备

（一）真空压力表

该表可测真空泵排气口压力、调节器灵敏度和真空度，见图 1–44。

▶ 图1–44　真空压力表

（二）转速表

该表测量真空泵转速，见图 1-45。

▶ 图1-45　转速表

（三）温湿度计、海拔仪

温湿度计可监测测试时的环境温度与湿度，海拔仪可测量大气压力和海拔高度等参数，见图 1-46。

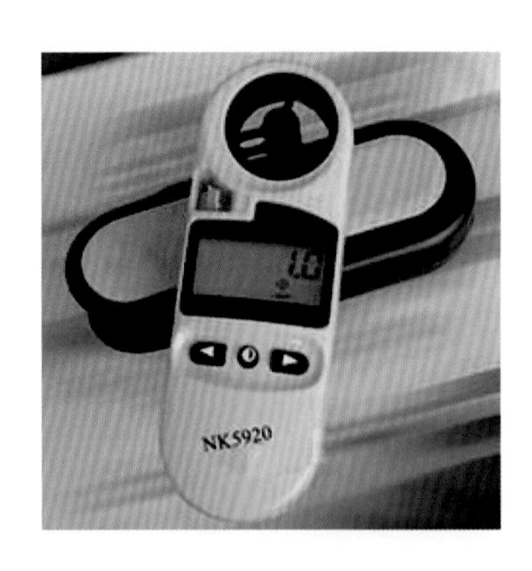

▶ 图1-46　能够监测温湿度、气压和海拔的迷你型多功能风速仪

（四）真空流量计

该表可测挤奶设备的真空流量值，见图 1–47。

▶ 图1–47 真空流量计

（五）挤奶设备测试仪

该仪器可以测量挤奶设备的真空流量值、真空压力值以及脉动频率、脉动比率和脉动真空时相，见图 1–48。

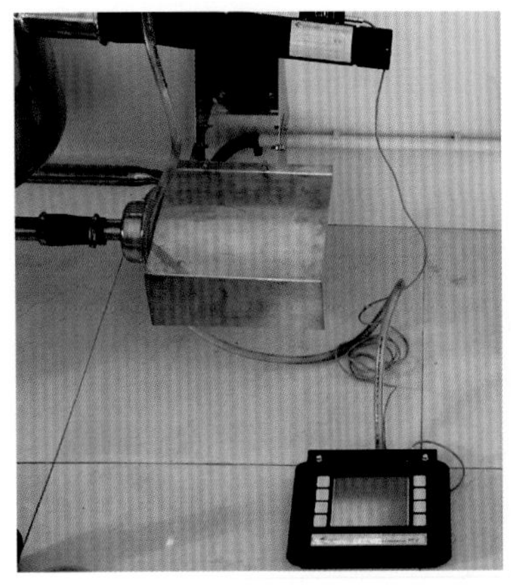

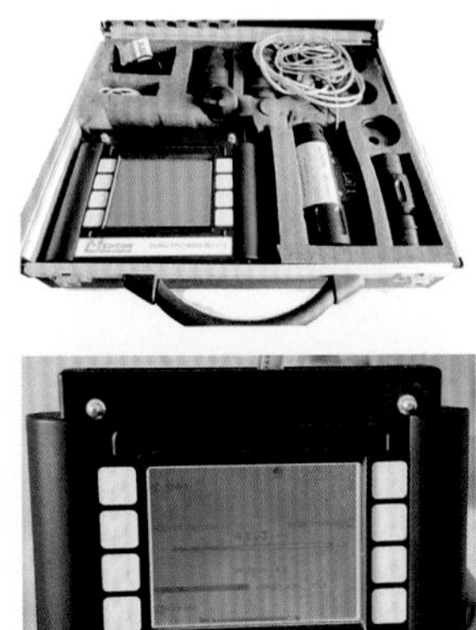

▶ 图1-48　挤奶设备测试仪

（六）脉动分析仪

该表可测挤奶设备脉动系统的脉动频率、脉动比率和脉动真空时相，见图 1-49。

▶ 图1-49　脉动分析仪

第三节 挤奶设备测试前的一般要求及准备工作

挤奶设备测试前，一般我们要做一些准备工作，以保证试验的顺利进行。如在测试前确定好测试项目，找出或做好测试接口，使之能够与检测用仪器设备匹配；堵上奶杯塞、防止漏气；根据测试项目的要求，调整好挤奶设备的运行状态，使之满足测试要求等。

一、一般要求

通常要对挤奶设备进行定期检查以确保其处于良好工作状态。如果在验收试验中有效储备量未发生显著变化，就不需进行调节特性测试、真空泵抽气速率测试和调节器泄漏量测试的试验。

若检查特定缺陷或故障，仅需针对这些问题进行专项试验。

二、试验前准备

应使用与图 1-50 一致的标准奶杯塞。

奶杯塞应耐清洗和消毒，材料应符合 GB/T 8186 中有关材质的规定，应有措施保证奶杯塞附着在奶杯内套里（如使用小珠或圆柱物）。

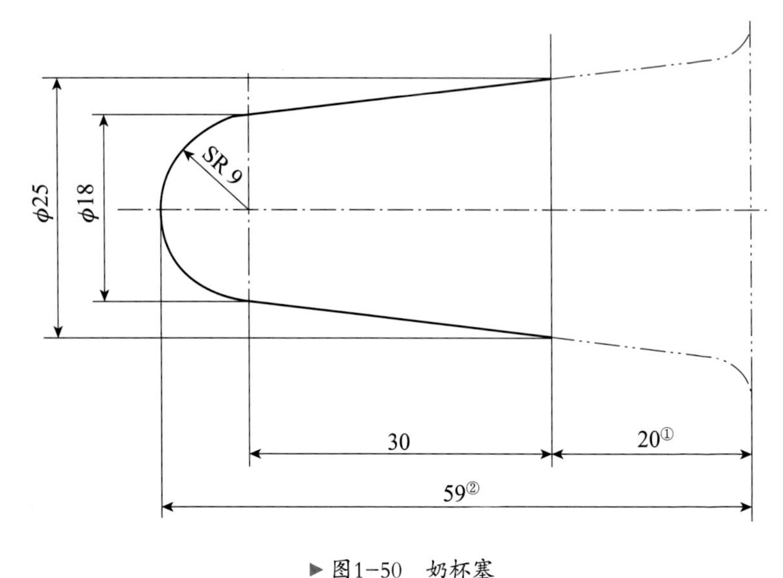

▶ 图1-50　奶杯塞

注：①该部分的设计应使其能完全进入奶杯内套里

②插入奶杯内套中的长度（9mm+30mm+20mm=59mm），单位为毫米（mm），未注公差为 ±1mm

试验前，应准备好与检验仪器相配套的接口装置，而后启动真空泵，使挤奶设备处于工作状态，并将所有挤奶装置连接起来。移动式挤奶设备应置于最远工作位。安装符合图 1-50 规定的奶杯塞并将所有的控制部件（如奶杯组自动脱落系统）置于工作状态。连接所有与挤奶设备有关的真空装置（包括挤奶时不工作的装置）。

在管路真空降、脉动频率、脉动器比率、脉动室真空时相和脉动器真空管道的真空降的测量试验中，各挤奶单元在挤奶设备上的位置可显著影响结果。

除非使用说明书另有规定，在进行各种试验前，真空泵必须运转至少 15min。

三、确定流量测试接口

应为流量计提供下列接入点。

——A_1：用于测量设备的有效储备量、实际储备量和调节器泄漏量。

——对于桶式或直接入罐式挤奶设备，接入点应位于调节器的感应点和第一真空接口之间；

——对于管道式挤奶设备，接入点应在气液分离器的上游位于或接近集乳罐处；

——对于计量瓶式挤奶设备，接入点应位于气液分离器处或在其附近的挤奶真空管道上；

——A_2：为测量真空和输奶系统的空气泄漏量，接入点应在真空泵与气液分离器或第一个真空接口间。

接入点 A_1、A_2 见图 1-2、图 1-3 和图 1-4。桶式和直接入罐式挤奶设备，A_2 与 A_1 为同一点。

当这些点不使用，即关闭时，这些接入点不能积留任何液体。接入点的管口内径应选择真空管道内径和（48.5 ± 2）mm 中较小者。

四、确定真空测试接口

应为真空表提供下列接入点。

——Vm 测量点 A1 或其上游处；

——Vr 每个调节器感应点附近；

——Vp 每个真空泵的入口附近。

为能测量出排气背压，在每个真空泵出口处排气管线上，需要提供一合适的接入点 P_e。

V_m、V_r、V_p 和 P_e 接入点见图 1-2、图 1-3 和图 1-4。

这些接入点应位于距离弯头，空气入口或其他任何产生空气湍流的管道附件至少 5 倍管径处。

如调节器感应点位于支管上，应有两个测量点 V_r，一个用于测量支管上游真空管的真空降；另一个用于在调节器感应处测量调节器泄漏量。

对于管道式挤奶设备，V_m 可以是挤奶系统中集乳罐内或其上游的任何点；对于计量瓶式挤奶设备，V_m 可处于挤奶真空管中，或最近的计量瓶处；对于桶式挤奶设备，V_m 即是 V_r，可为最近的真空接口。

第二章

挤奶设备真空系统

本章将要介绍的是挤奶设备真空系统的工作原理、相关性能指标的测试方法及测试结果分析。通过本章节的学习，可以系统掌握真空系统相关性能指标的测试方法及评价方法，并依据测试结果对真空系统乃至挤奶设备的运行状况进行分析，判断其当前的运行状况是否正常、是否存在潜在问题，需要做哪些方面的调整、维护或是修理、更换零部件。

第一节 挤奶设备真空系统的工作原理

挤奶设备真空系统是指在真空下且不与奶接触的挤奶设备的部件，因此，它包括：真空泵、真空调节器、真空表、主真空管道、真空稳压罐、气液分离器、挤奶真空管道、真空管、真空接口、脉动器接口、过桥等部件，见图 2-1。

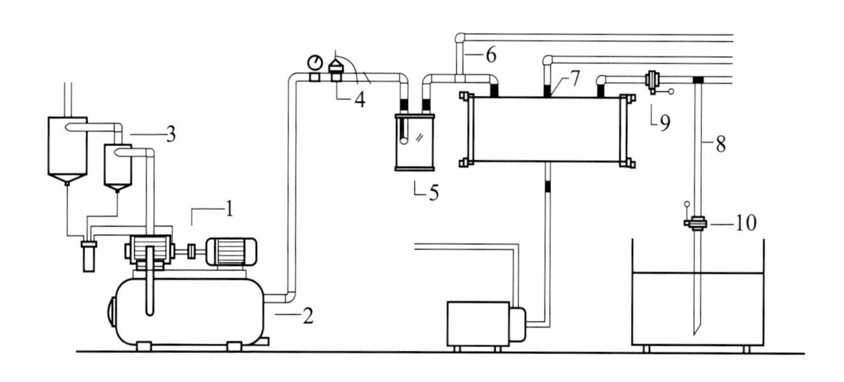

▶ 图2-1　挤奶设备真空系统结构原理图

1 真空泵；2 真空稳压罐；3 回油器；4 调节器；5 气液分离器；6 真空管路；7 奶管道；8 清洗管道；9、10 阀门

挤奶设备真空系统的工作原理是：电机带动真空泵运转，使真空管道包括真空稳压罐、气液分离器中产生真空，真空调节器调节系统的真空压力使之保持稳定的工作压力提供给挤奶单元进行挤奶；气液分离器的作用是隔离从输奶管道过来的水或奶，

以免其进入真空泵，造成真空泵的损坏；真空稳压罐的作用是减少真空度在真空管道内产生较大波动，影响挤奶设备稳定运行；真空表的作用是监视真空系统的压力值是否在正常范围内；回油器的作用是使真空泵排气带出的润滑油回收反复使用。

第二节 挤奶设备真空系统试验方法

一、真空度调节

（一）真空度调节偏移量

调节系统和真空泵抽气速率应有能力在规定的启动时间过后，在测量点 V_m 处，额定真空度的波动仍保持在 ±2kPa 的偏差范围之内。

（二）调节器灵敏度

（1）挤奶设备按本书第一章第三节的规定运行，将一个真空表连接到 V_m 处。

（2）记录下此时真空度作为挤奶设备的工作真空度。

（3）让挤奶设备处于与工作相同的状态但所有单元均不工作。关掉所有的挤奶单元，记录真空度。关掉所有挤奶单元应理解为挤奶设备仍正常运行，关闭所有脉动器。

（4）计算出所有单元均不工作时的真空度与所有单元都工作时的真空度间的差值作为真空调节器的灵敏度。

（三）调节器损失量

此项测试不适用于桶式和直接入罐式挤奶设备。

（1）挤奶设备按本书第一章第三节的规定操作，将带有直通接口的空气流量计连接在 A_1 点（图 1-3 和图 1-4），关闭空气流量计。在连接点 V_m 处连接一真空表。

（2）记录下此时 V_m 处真空度作为挤奶设备的工作真空度。

（3）打开空气流量计直至 V_m 处真空度比工作真空度降低 2kPa，记录气流量。如果是流量可调真空泵，确认泵在最大速度下运转。这样就没有调节损失。

在多个集乳罐的情况下，有必要在连接点 A_1 间分别适量进气。如果是流量可调真空泵，只要泵是在最大速度下运转，就可不测调节器损失量，因为没有调节器损失量。

（4）停止通过调节器吸入的气流，并将可调真空泵设置到最大抽气速率。

（5）与步骤 3 一样打开流量计以降低真空度，记录下气流量作为挤奶设备的实际储备量。

（6）计算步骤 5 和步骤 3 气流量之差作为调节损失量。

（四）调节特性

（1）调节特性最好在奶杯套杯和脱杯试验中测试。有无自动关闭阀以及是否分乳区挤奶将影响测试的方式。因此，应按下列步骤进行测试。

① 带自动关闭阀的挤奶单元：

——在自动关闭阀开启的情况下使用一个集乳器（脱杯试验）；

——在自动关闭阀处于打开的情况下使用一个奶杯（套杯试验）。

② 不带自动关闭阀的挤奶单元：

——使用一个集乳器（脱杯试验）；

——使用一个奶杯（套杯试验）。

③ 分乳区挤奶：

——使用一个奶杯（脱杯试验）；

——在自动关闭阀处于打开的情况下使用一个奶杯（套杯试验）。

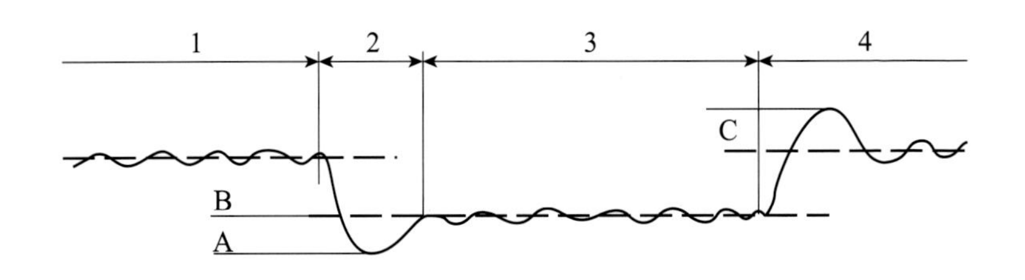

▶ 图2-2　用于快速变化吸气的调节下冲、真空降和调节突增

A：下冲；B：真空降；C：突增

1—时相 1：无奶杯打开；2—时相 2：奶杯打开；3—时相 3：奶杯打开；4—时相 4：奶杯关闭

（2）按本书第一章第三节的规定操作挤奶设备，在测量点 V_m 处连接一真空记录仪。

（3）记录 5 ～ 10s，即时相 1 的真空度。

（4）打开一个奶杯或一个挤奶杯组，记录真空稳定后 5 ～ 15s，见图 2-2 中时相 2 和时相 3 的真空度。如果分乳区挤奶，连接 32 个或更多奶杯 / 挤奶杯组，每 32 个奶杯 / 挤奶杯组打开一个。

如果挤奶单元装有自动关闭阀时，对于脱杯试验，应在操作过程中打开奶杯 / 挤奶杯组；对于套杯试验在操作过程中或操作过程之外打开奶杯 / 挤奶杯组。

（5）关闭奶杯 / 挤奶杯组，当真空稳定 5 ～ 15s 后（图 2-2 中的时相 4）开始记录。

（6）计算时相 1 中 5s 内的平均真空度。

（7）找出时相 2 内的最小真空度。

（8）计算时相 3 稳定部分 5s 内的平均真空。

（9）找出时相 4 内的最大真空度。

（10）计算时相 4 稳定部分 5s 内的平均真空度。

（11）时相 1 中的平均真空度减去 时相中的平均真空度，计算得到脱杯真空降或套杯真空降（图 2-2 中 B）。

（12）时相 3 中的平均真空度减去时相 2 中的最小真空度，计算得到调节下冲（图 2-2 中 A）。

（13）时相 4 中的最大真空度减去时相 4 中的平均真空度，计算得到调节突增（图 2-2 中 C）。

（五）真空泵有效储备量

（1）挤奶设备按本书第一章第三节的规定运行，将空气流量计关闭，用一个等径接头将空气流量计连接到 A_1 点（图 1-2、图 1-3 和图 1-4）。在 V_m 点处连接一个真空表。

（2）此时的真空度作为挤奶设备的工作真空度。

（3）打开空气流量计直至真空度比步骤 2 中测定值下降 2kPa。

在多个集乳罐的情况下，可能有必要在连接点 A_1 间分别适量进气。

（4）通过空气流量计的气流量

在试验时，若大气压力与表 2-1 所给海拔高度下的标准大气压相差大于 3kPa 时，则气流量值为测定值按标准大气压下有效储备量计算修正后所得。

表 2-1　不同海拔高度下的标准大气压力

海拔高度（h）（m）	标准大气压力（P_s）（kPa）
h ＜ 300	100
300 ≤ h ＜ 700	95
700 ≤ h ＜ 1 200	90
1 200 ≤ h ＜ 1 700	85
1 700 ≤ h ＜ 2 200	80

标准大气压下有效储备量的计算

在标准大气压力下容积式真空泵的有效储备量预测值 $q_{R,th}$ 可通过式（2-1）计算：

$$q_{R,th}=K_2 q-\frac{p_s+p_a}{2p_s}\times(q-q_{R,m}) \tag{2-1}$$

式中：

K_2——由标准大气压下容积式真空泵抽气速率计算公式或表 2-2 中给出的修正因子；

q——真空泵抽气速率测定值，以 L/min 自由空气表示；

$q_{R,m}$——有效储备量测定值，以 L/min 自由空气表示；

p_a ——测试时的环境大气压力，单位为千帕（kPa）；

p_s ——不同海拔高度下的标准大气压力，单位为千帕（kPa）。

表 2-2　不同大气压力下的修正因子（K_2）

环境大气压力（p_a）（kPa）	修正因子（K_2）		
	泵的真空度		
	40kPa	45kPa	50kPa
109	0.94	0.92	0.91
106	0.96	0.95	0.93
103	0.98	0.97	0.96
100	1.00	1.00	1.00
97	1.03	1.03	1.04
94	1.05	1.07	1.09
91	1.09	1.11	1.14

（5）真空泵有效储备量为测定的气流量减去挤奶期间正常使用、但测试期间不使用的设备（如液位控制的隔膜奶泵）耗气量。

二、真空泵

（一）真空泵抽气速率

如果在验收试验中有效储备量未发生显著变化，就不需进行真空泵抽气速率的试验。

真空泵应有足够的抽气量以满足挤奶设备挤奶和清洗需要，包括辅助设备在挤奶和清洗时的使用需求，不管这些辅助设备是连续的还是间歇的耗气。

如果挤奶设备安装有一个以上真空泵，应能将未运行的泵隔离开。

（1）挤奶设备按本书第一章第三节的规定操作，记录真空泵测量点 V_p 处的真空度作为泵的工作真空度。

（2）将真空泵与挤奶设备其他部分脱开，直接以一个等径接头将空气流量计连接；对于测定流量可调真空泵，确认其处于测定最大抽气速率。

（3）在步骤 1 中记录的真空度下，记录流量计读数作为工作真空度下的抽气速率。

为比较测得的真空泵抽气速率与之前（不同海拔测试气压和标准大气压间差别大于 3kPa 时）测得的抽气速率，在某海拔下测试时，空气流量可用因子 K_2 校正，按标准大气压下真空泵抽气速率计算公式或表 2-2 中给出的数值计算。校正此气流需用到泵的最大真空度（步骤 7）。

（4）记录真空度为 50kPa 时的空气流量计读数 q_{50}。

（5）记录真空度为 50kPa 时的真空泵每分钟的转速 n。

（6）按公式（2-2）计算出容积式真空泵的额定抽气速率 q_{nom}。

$$q_{nom}=\frac{n_{nom}}{n}\times q_{50} \tag{2-2}$$

式中：

q_{nom}——泵的额定抽气速率，单位为升每分钟（L/min）；

n_{nom}——真空泵的额定转速，单位为转每分钟（r/min）；

n ——真空泵转速，单位为转每分钟（r/min）。

当环境大气压和 100kPa 参考大气压的差别不大于 3kPa 时，所测得的真空泵抽气速率与所标示的额定抽气速率进行比较，流量用额定工况下的真空泵抽气速率算出的因子 K_1 或表 2-3 中给出的数值进行校正。校正此气流需用到泵的最大真空度（步骤 7）。

（7）除制造商规定了另一种测试方法外，完全关闭空气流量计直至真空度稳定。记录最大真空度 p_{max}，再次打开空气流量计以避免损坏泵。

该项测定仅在需要对真空泵的抽气速率，修正时进行，且结果仅在真空泵的转速降低幅度不超过 1% 时有效。

（二）其他气压下的计算

挤奶设备的真空泵抽气速率（和测量有效储备量）随环境大气压力而异。当对挤奶设备进行试验时，测量值应乘以一个修正因子，得到在标准大气压或额定工况下的预测值。

1. 计算额定工况下的真空泵抽气速率

容积式真空泵在额定大气压力 100kPa 情况下的标准抽气速率，等于测定值乘上修正因子 K_1，K_1 由式（2-3）计算：

$$K_1=\frac{p_{max}-p_{nom}\times\frac{p_a}{p_{an}}}{p_{max}-p} \tag{2-3}$$

式中：

p_a ——测试时的环境大气压力，单位为千帕（kPa）；

p_{an} ——额定大气压力，单位为千帕（kPa）；

p_{max}——试验时真空泵入口处完全关闭时的最大真空度，单位为千帕（kPa）；

p ——真空泵入口处的真空度（计算而得或实际值），单位为千帕（kPa）；

p_{nom}——真空泵入口处的额定真空度，单位为千帕（kPa）。

表 2-3 给出了真空泵效率 η_v 为 90% 时的 K_1 值，修正因子 K_1 用于计算在额定大气压力 100kPa 时真空泵的额定抽气速率。真空泵效率 η_v 可根据 $\eta_v = p_{max}/p_a$ 计算而得。

表 2-3　不同大气压力下的修正因子 K_1

环境大气压力（p_a）（kPa）	真空泵真空度50kPa时的修正因子（K_1）
100	1.00
95	1.07
90	1.16
85	1.28
80	1.45

2. 标准大气压下真空泵抽气速率的计算

表 2-1 给出了在不同海拔高度的标准大气压力。

表 2-1 给出的不同海拔标准大气压下容积式真空泵的抽气速率，可由测定值乘以修正因子 K_2 而得。

K_2 由式（2-4）计算：

$$K_2 = \frac{p_{max} - p \times \dfrac{p_a}{p_s}}{p_{max} - p} \tag{2-4}$$

式中：

p_a ——测试时的环境大气压力，单位为千帕（kPa）；

p_s ——不同海拔高度下的标准大气压力，单位为千帕（kPa）；

p_{max}——试验时真空泵入口处完全关闭时的最大真空度，单

位为千帕（kPa）；

p——真空泵入口处的真空度（计算而得或实际值），单位为千帕（kPa）。

表 2-2 给出了大气压力 100kPa，泵容积效率 η_v 为 90% 时计算真空泵抽气速率预测值的修正因子 K_2 值，真空泵效率 η_v 可根据 $\eta v=p_{max}/ p_a$ 计算而得。。

（三）真空泵排气背压

真空泵按本书第一章第三节的规定运行，在接入点 P_e 处测量并记录排气压力。

三、调节器泄漏量

如果在验收试验中有效储备量未发生显著变化，就不需进行调节器泄漏量的试验。

（1）挤奶设备按本书第一章第三节的规定运行，用一个直通接头将空气流量计连接到 A_1 点（图 1-2、图 1-3 和图 1-4），关闭流量计。在 V_r 点连接一个真空表。

（2）记录下此时的真空度作为调节器的工作真空。

（3）开启流量计使真空度降低 2kPa，记录下此时的空气流量。如果是流量可调真空泵，确认泵在最大速度下运行。这种情况下没有调节器泄漏。

在多个集乳罐的情况下，可能有必要在连接点 A_1 间分别适量进气。

（4）关闭调节器截断气流，将可调真空泵调至最大抽气速率。

（5）打开流量计将真空度降低至与步骤 3 中测定值相同，记录空气流量。

（6）计算出步骤 5 和步骤 3 所测定的空气流量差值作为调节器泄漏量。

四、真空表精度

（1）将挤奶设备和真空调节器调整到工作状态，但所有挤奶杯组均不工作，试验真空表连接到 V_r 点（图 1-2、图 1-3 和图 1-4）或其他靠近真空表的连接点，记录挤奶设备真空表和试验真空表的真空度。

（2）记录上述两值的差异作为真空表的误差。

五、管路真空降

本测试仅适用于计量瓶式和管道式挤奶设备。

（1）按本书第一章第三节的规定操作挤奶设备，用一直通接头将流量计接到 A_1 点（图 1-2、图 1-3 和图 1-4），关闭流量计。在 V_m 处连接一真空表。记录真空度作为挤奶设备的工作真空度。

（2）打开流量计直至 V_m 处真空度比步骤 1 测得的真空度下降 2kPa，记录下工作真空度。

（3）将真空表移装至 V_r 点，记录下工作真空度。

（4）计算步骤 3 和步骤 1 中记录的真空度之差作为 V_m 点和 V_r 点间的真空降，两次测量时气流量一样。

（5）将真空表移至真空泵的接入点 V_p 处，记录下工作真空度。

（6）计算步骤 2 和步骤 5 中记录的真空度之差作为 V_m 点和 V_p 点间的真空降，两次测量时气流量一样。

六、真空稳压罐有效容积

（1）按本书第一章第三节的规定做好试验前的准备工作，使挤奶设备能正常工作。

（2）在距真空稳压罐最近的真空接口处连接一管，并通入5L/min的水流。

不断将水吸入到真空罐中，直至防止液体进入真空泵的控制装置被触发。需小心防止过量的水进入真空泵。

（3）控制装置启动后，停止真空泵并记录真空稳压罐中的水量作为真空稳压罐的有效容积，同时，记录真空泵抽气速率。

七、气液分离器的有效容积

（1）挤奶设备按本书第一章第三节的规定运行。

（2）在接入点 A_1 处连接一个空气流量计。

（3）让符合设备有效储备量的气流和5L/min的水流进入集乳罐。

为说明这一容积，通常应做一些型式试验。试验中，需要测量相应的最大气流。

（4）往集乳罐和气液分离器中注液，直至减少液体进入真空系统的措施启动。

（5）关闭挤奶系统真空，收集气液分离器中的积水，记录这些水的体积即为气液分离器的有效容积。

八、真空系统泄漏量

（1）挤奶设备按本书第一章第三节的规定运行，将空气流量计

用直通接头连接到 A_2 点（图 1-2、图 1-3 和图 1-4），关闭流量计，在 V_r 处或 V_p 连接一个真空表。

（2）记录下此时的真空度作为真空调节器或真空泵的工作真空度。

（3）将真空系统与输奶系统隔离开，截断通过真空调节器的气流。对于可调真空泵，确认其在恒定抽气速率下工作，将脉动器和其他真空操控设备关闭或隔离开。

（4）调节流量计使真空度与步骤 1 中 V_r 处或 V_p 处记录值相似，记录下空气流量，记录下真空泵连接点 V_p 处的真空度。

（5）将真空泵与挤奶设备的其他各部分隔离开，用直通接头将空气流量计直接连接到真空泵上。

（6）打开流量计直至真空泵的真空度与步骤 4 中真空泵连接点 V_p 处的真空度记录值相同，记录下此时的空气流量。计算出真空管路未连接时的气流量与真空管路连接时的气流量间的差值，作为真空管路泄漏量。

九、桶式挤奶设备真空接头上真空降

（1）启动挤奶设备，将空气流量计连接到真空接头上，调节并保持流量为 150 L/min。

（2）在连接流量计的真空接头的上游，连接一个真空表在真空接头上。

（3）记录流量计气流量为 150L/min 时真空度和没有气流经过的真空接头的真空度。

（4）计算出步骤 3 中两真空度的差值即为真空接头的真空降。

挤奶设备真空系统测试结果分析

一、真空度调节测试结果分析

（一）真空度调节偏移量

评价指标：在使用说明书规定的最小启动时间内，测量点 V_m 处的真空度值的波动应保持在 ±2kPa 范围内。

通过真空度调节偏移量的测试，可以检查真空调节系统和真空泵的抽气速率能否在使用说明书规定的最小启动时间内正常响应，并保证集乳罐处的额定真空度在2kPa的范围内上下波动。如果出现异常，则应检查真空调节器是否出现故障或是需要清理、真空泵是否正常运行。

（二）调节器灵敏度

评价指标：调节器的灵敏度应不超过1kPa。

通过对真空调节器灵敏度进行测试，可以检查真空调节器能否稳定、正常地工作，调节器反应是否灵敏。如果出现异常，应考虑清洁调节器，或是检查其安装位置是否正确、尺寸是否符合设备要求，集乳器和输奶系统的泄漏量是否过大等。

（三）调节器损失量

评价指标：调节器损失量应不超过35L/min自由空气或10%的有效储备量，取两者值中较大者。

对调节器损失量进行测试，可以检查调节器的运转及其与系统的匹配情况。如果损失量过大，则应考虑真空调节器出现堵塞需要及时清理，或是出现故障，或是没有安装在最佳位置；还应考虑接收罐与调节器之间的管道尺寸是否合理、管道是否过脏，或是接收罐与调节器之间的真空下降很大，如果是变频控制，则应检查变频器参数设置的正确性等等。

（四）调节特性

评价指标：调节特性曲线的真空突增应小于 2kPa，且调节特性曲线的真空陡降应小于 2kPa。

调节特性测试是模拟家畜挤奶时套杯和脱杯（踢杯）过程中的集乳罐工作真空度压力变化情况，能够反映系统调节真空稳定性的能力。如果负脉冲或者正脉冲真空大于 2kPa，则应检查真空调节器的运行状况正常与否；如果是变频控制，则应检查变频器是否根据安装的需要正确设置；如果真空跌落大于 2kPa，则可能安装设备的备用容量出现问题或是安装设备的真空调节已经出现问题，需要联系生产厂家来处理。

（五）真空泵有效储备量

评价指标：对于小型挤奶系统和操作者在正常挤奶时能有效避免空气进入挤奶杯组的系统，可按 GB/T 8186—2011 中 A.1 和 D.1 来计算有效储备量，但在大型挤奶系统以及挤奶员不能有效防止空气泄漏的情况下，满足真空度降的条件更合适。在这种情况下，应该有足够的有效储备来维持在测试点 V_m 处真空度在 ±2 kPa 之内，包括挤奶时正常套杯和脱杯，内套滑动以及奶杯组意

外脱落等大多数情形。

通过有效储备量的测试，可以检查挤奶设备的储备能力，挤奶过程中如果有效储存量过低可能会导致脱杯（踢杯）、上杯、自动脱杯装置或者真空门运动过程中，集乳器内的真空产生较大波动。有效储备量过低，则应考虑真空系统的设计尺寸与对应数量的挤奶点的不足，或是真空泵出现机械疲劳或者运行效率低，或是挤奶和真空系统存在过多的泄漏。

二、真空泵测试结果分析

（一）真空泵抽气速率

评价指标：真空泵应有足够的抽气量以满足挤奶设备挤奶和清洗需要，包括辅助设备在挤奶和清洗时的使用需求，不管这些辅助设备是连续的还是间歇的耗气。真空泵的额定抽气速率由使用说明书给定。

通过对真空泵抽气速率的测试，可以对真空泵的实际抽气量与额定值进行比较，如果差异较大，则应考虑真空泵发生磨损和老化，或是未对真空泵做定期的维护与保养，真空泵润滑不充分或者润滑效果不好，真空泵入口处泄漏或是排气口堵塞。

（二）真空泵排气背压

评价指标：实测的真空泵最大许可背压应与真空泵上标记的最大许可背压基本一致。

通过真空泵排气背压的测试，可以检查真空泵的排气管是否堵塞，如果真空泵排气背压过高，则应考虑真空泵润滑过度或是真空泵未做定期维护。

三、调节器泄漏量测试结果分析

评价指标：当调节器感应点真空度低于工作真空度 2kPa 时，调节器泄漏量不得超过 35L/min 的自由空气和 5% 实际储备量中的较大者。

如果调节器泄漏量过大，应考虑真空调节器发生故障，或是调节器堵塞需要及时清理，或是调节器没有安装在正确位置上。

四、真空表精度测试结果分析

评价指标：真空表的误差应不超过 1kPa。

如果测试中发现真空表误差过大，则应考虑更换真空表或是真空表安装存在问题。

五、管路真空降测试结果分析

评价指标：V_m 和 V_r 间的真空降会降低调节器的调节范围，可能增加调节器损失量。V_m 和 V_r 间的真空降应不超过 1kPa。V_m 和 V_p 间的真空降会导致 V_p 处真空度增加，增加耗电量、降低真空泵抽气速率。因此，V_m 和 V_p 间的真空降最好不要超过 3kPa。

通过管路真空降的测定，可以验证设备真空管的尺寸正确与否、是合适还是过于冗长，真空管路是否畅通无阻碍，是否存在泄漏点。

六、真空稳压罐、气液分离器有效容积测试结果分析

评价指标：稳压罐的有效容积应足够大以便于主真空管路的清洗，同时，也可根据真空管路的尺寸确定，气液分离器有效容积应足以起到隔离输奶管道过来的水或奶。稳压罐和气液分离器

的有效容积应在使用说明书中给出。

如在测试中，发现真空稳压罐、气液分离器的有效容积与说明书给定尺寸差异过大，且清洗不干净、不能有效进行气液隔离，则应考虑联系厂家，查看真空稳压罐与气液分离器的设计能否满足挤奶设备的系统要求。

七、真空系统泄漏量测试结果分析

评价指标：真空系统的泄漏量应不超过工作真空度下真空泵抽气速率的 5%，该抽气速率指泵工作在额定真空度下的数值，对于可变抽气速率的泵则按其最大抽气速率考虑。

真空系统泄漏量的测试可以验证在挤奶系统和真空泵间的空气管路的连接处有没有过多的空气泄漏，如果泄漏量过大，则应考虑管路接头处密封不严，存在泄漏，或是平衡罐附近存在泄漏。

八、桶式挤奶设备真空接头上真空降测试结果分析

评价指标：在气流以 150L/min 的自由空气通过接口时，接口处的真空降不应超过 5kPa。

如果测试时发现接口处真空降超过 5kPa，则应考虑真空接口不能全开全闭、真空接口接嘴与管道上的孔之间存在漏气可能。

第三章

挤奶设备脉动系统

本章将要介绍的是挤奶设备脉动系统的工作原理、相关性能指标的测试方法及测试结果分析。通过本章节的学习，能够系统掌握脉动系统相关性能指标的测试方法及评价方法，并依据测试结果对脉动系统乃至挤奶设备的运行状况进行分析，判断其运行状况是否正常、是否存在潜在问题，需要做哪些方面的调整、维护或是修理、更换零部件。

挤奶设备脉动系统的工作原理

挤奶设备脉动系统是指向挤奶杯中提供奶杯内套运动的设备，它包括：脉动器、脉动信号发生仪、脉动器真空道、主脉动器真空管道、长脉动管、短脉动管、脉动室等。

脉动器是整个脉动系统的关键，也是整个挤奶设备的心脏，脉动信号发生仪控制脉动器的开关，通过脉动器的作用使脉动室一会儿连通真空系统、一会连通大气，从而使脉动室形成大气与真空交替变化，形成有规律的脉动，实现奶杯内套一开一合，模仿家畜吃奶的动作，将奶从家畜乳房中吸出。

当脉动室处于真空状态时，奶杯内套处于吸吮时相，这时乳头管被打开，乳汁被吸出；当脉动室接通大气时，奶杯内套被压扁，从而切断了乳头室真空，乳头管通道被关闭，乳汁不再排出，此为奶杯内套关闭时相。挤奶设备就是这样由吸吮时相转为关闭时相，再由关闭时相转为吸吮时相，周而复始地模仿家畜吸奶、咽奶的重复动作，完成挤奶作业（见下图）。

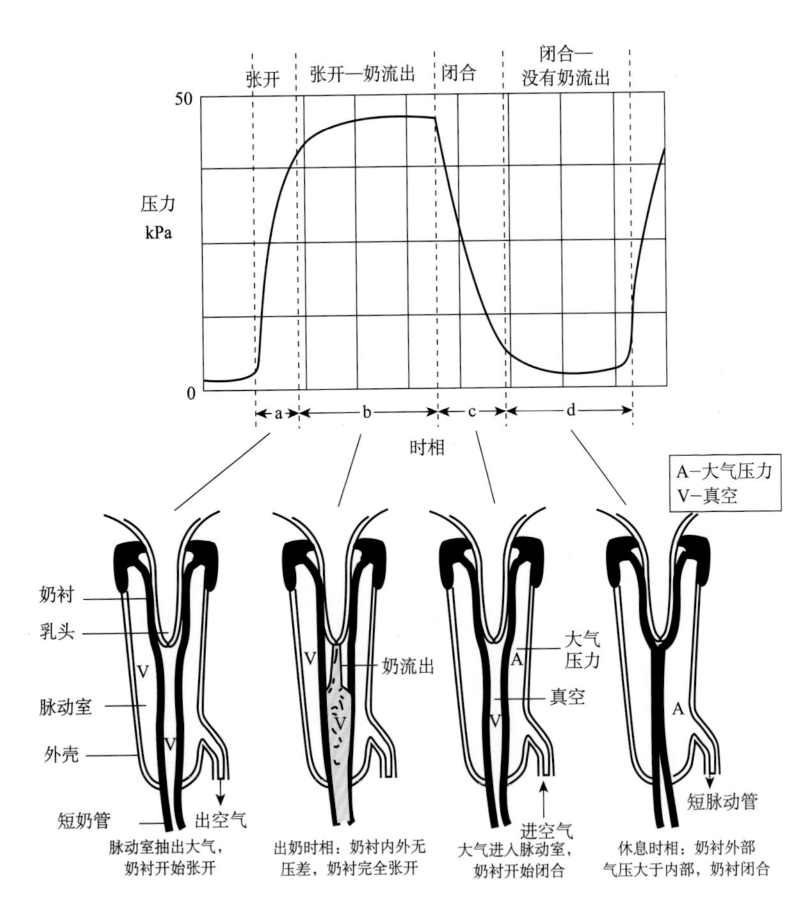
张开
张开—奶流出
闭合
闭合—
没有奶流出
50
压力
kPa
0
a
b
c
d
时相
A–大气压力
V–真空
奶衬
乳头
V
脉动室
外壳
V
短奶管
出空气
脉动室抽出大气，
奶衬开始张开
V
奶流出
V
出奶时相：奶衬内外无
压差，奶衬完全张开
A
大气
压力
真空
V
进空气
大气进入脉动室，
奶衬开始闭合
A
短脉动管
休息时相：奶衬外部
气压大于内部，奶衬闭合

▶ 图　脉动系统工作原理图

第二节 挤奶设备脉动系统试验方法

一、各牛位接口处气流

（1）挤奶设备按本书第一章第三节的规定运行。

（2）将一空气流量计和一真空表连接到牛位挤奶单元接口，而不是挤奶单元或脉动器。

（3）关闭流量计，记录牛位接口处的真空度。

（4）打开流量计直至流量计处的真空降至比步骤 3 中真空度记录值低 5kPa。

（5）记录流量计读数作为牛位接口处的气流量。

二、脉动频率、脉动器比率、脉动室真空时相和脉动器真空管道的真空降

（1）挤奶设备按本书第一章第三节的规定操作，脉动器运行 3 min 以上，在 V_m 处测量工作真空度。

（2）挤奶过程中使用脉动器真空管道的设备，如挤奶杯组自动脱落装置等都应考虑到，尽可能在测试脉动室最大真空度时要运行这些设备。

（3）将脉动性能测量仪连接到脉动管，要靠近奶杯外壳。在脉动器阀或长脉动管供应一个以上奶杯的情况下，仪器应连接到最远的脉动管上。

（4）记录下 5 个连续的脉动循环，然后对结果进行分析来确定最大脉动真空度、平均脉动器比率和 a、b、c、d 时相段的平均时间（图 1-25）。

每个脉动器阀或长奶管都应记录这些值，并计算平均不对称性。

应核查 b 相，以确保真空度不低于脉动室最大真空度减去 4kPa。

应核查 d 相，以保证真空度不超过 4kPa。

（5）计算步骤 1 记录真空度与步骤 4 中脉动室最大真空度的最低值之差作为脉动器真空管道的真空降。

第三节 挤奶设备脉动系统测试结果分析

一、各牛位接口处气流测试结果分析

评价指标：各牛位接口处气流量应不低于使用说明书中给定的最小气流量。

如果气流量过低，则应考虑真空管路泄漏问题或工作真空度过高。

二、脉动频率测试结果分析

评价指标：脉动频率偏差应不超过使用说明书中给出的设计

值的 ±5%。对于奶牛和水牛，脉动频率常在 50 ～ 65 次 /min；对于山羊，在 60 ～ 120 次 /min；对于绵羊，在 90 ～ 180 次 /min。

脉动频率高可缩短挤奶时间，但过高会使家畜乳头管通道处于常开状态而使家畜感到不舒服，滞留在乳房中的余奶也会增加；频率过低，不仅延长了挤奶时间、导致生产率下降，而且还会因在一个周期内吸吮时相过长造成血液循环不畅，诱发乳房炎。因此，在测试时发现脉动频率过高或过低，均应考虑调整脉动器的脉动频率，考虑到家畜需要一个适应过程，在调整脉动频率时，应循序渐进，不可一步到位。

三、脉动器比率、脉动室真空时相测试结果分析

评价指标：脉动比率与使用说明书中给定值的差异应不超过 ±5%，在同一挤奶设备中所有脉动器间脉动比率的差异应不超过 5%。

除了那些专门设计为前后乳区有不同脉动比率的挤奶杯组单元，交替脉动之间的脉动比率偏差不应超过 5%。在交替脉动与集乳器结合在一起时，由于奶杯之间的反冲作用，应避免采用 50% 或接近 50% 的脉动比率。

对奶牛和水牛，脉动时相 b 应不小于一个脉动循环的 30%，脉动时相 d 应不低于 150ms。b 时相的真空降不应低于脉动室最大真空度 4kPa，d 时相的真空度也不应高于 4kPa。

脉动室真空时相和脉动比率实际是表征一个脉动周期内，真空增加时相、最大真空时相、真空下降的时相、最小真空时相的时长以及挤奶时间所占的百分比。以奶牛为例，从满足奶牛生理

特征又有利于生产率提高考虑，典型的奶牛后乳区脉动比率是60:40，奶牛前乳区比率是50:50或55:45。因此，不合适的脉动比率，既不符合家畜的生理特征，也不利于生产率的提高，通常还会诱发乳房炎。

一个异常慢速的“a阶段”和一个迅速的“c阶段”，通常指示空气泄漏，因此需检查短脉动管或长脉动管是否漏气；一个正常的“a阶段”、慢速的“c阶段”和一个短时间的“d阶段”通常表明，在脉动器空气接口处有局部的堵塞。“d阶段”未达到大气压力，即使脉动曲线的图形在处于相对水平的位置，通常表明脉动器与阀门底座之间的存在杂质。一个慢速的“a阶段”和一个慢速的“c阶段”通常表明两个方向的空气流动受到了限制，应查看脉动管路是否堵塞、是否出现局部的缠绕，或是脉动管路的长度过长。

四、脉动器真空管道的真空降测试结果分析

评价指标：测量点V_m处的工作真空度和脉动室最大工作真空度的差值应不大于2kPa。

脉动器真空管道的真空降反映的是脉动真空能否保持正常真空度范围内，如果真空降过大，则应考虑真空管路泄漏及脉动器方面的原因。

挤奶设备输奶系统

本章将要介绍的是挤奶设备输奶系统的工作原理、相关性能指标的测试方法及测试结果分析。通过本章节的学习，能够系统掌握输奶系统相关性能指标的测试方法及评价方法，并依据测试结果对输奶系统乃至挤奶设备的运行状况进行分析，判断其运行状况是否正常、是否存在潜在问题，需要做哪些方面的调整、维护或是修理、更换零部件。

第一节 挤奶设备输奶系统的工作原理

挤奶设备输奶系统是指在挤奶设备中完成奶输送和奶收集工作的部件，一般包括：输奶管道、集乳罐及液位控制器、奶泵及排奶器、过滤器和安全器等。

挤奶设备的输奶管道一般为 φ75mm 的 304 食品级不锈钢管，通过橡胶软奶管与电子计量器或奶计量装置连接，输奶管道的端口与集乳罐连接，完成输送和收集奶的工作。集乳罐一般有两个进奶口，分别与左右输奶管道相连，集乳罐的底部有出口与奶泵连接，上部则连接安全器，安全器位于集乳罐和真空管之间，其作用是防止集乳罐中的液体进入真空管道。集乳罐上的液位控制器可以自动控制罐中的奶量，当奶量达到一定量时它会自动启动奶泵，将奶打入奶罐中。奶泵一般为直连一体泵，泵头为 304 不锈钢材质，它的主要作用是把集乳罐中的奶或清洗液排出，奶泵的控制由液位控制器或奶泵电控箱自动控制。过滤器的材料全部为 304 不锈钢，滤芯过滤网套在支撑弹簧上，端头有堵头塞住，过滤网有纸制、棉制和化纤等几种，客户可根据情况选择。挤奶时将清洗好的滤芯放入过滤器外壳内，按上连接管并拧紧螺母。挤完奶抽出滤芯清洗干净，清洗过程则不放滤芯。

第二节
挤奶设备输奶系统试验方法

一、输奶管道坡度

（1）把输奶管道当做由几节管组合铺设，每节管的坡度统一。每节管可由两个支撑点或单管路长度来确定。测量每节管的长度和坡度，或每个节端相对于基准面的高度。将所有长度和坡度或高度值汇总，制成一高度侧面示意图，将与集乳罐相连的那个奶管道的高度作为基准点。

（2）如果是环路管道，定义输奶管道的最高点。将此点作为环路管道两个坡度（两边）的边界。

（3）从高度示意图上，计算集乳罐与离集乳罐最远的进奶口之间每根支管最小坡度。应给出每根支管中 5m 长节管的最小坡度。找出沿奶管道自由移动的 5m 范围内的平均坡度，选取最低值作为支管最小坡度。坡度应以毫米 / 每米（mm/m）的单位给出，正坡度表示奶管道朝集乳罐方向下降。

二、输奶系统的泄漏

（1）挤奶设备按本书第一章第三节的规定运行，在 A_2 点处（图 1-3 和图 1-4）用一直通接头连接空气流量计，并保持关闭。在 V_r 或 V_p 点连接真空表。

（2）记录此时真空度作为调节器或真空泵的工作真空度。

（3）关闭经过调节器的气流；对于可调真空泵，确保其在恒定抽气速率下运行，停止或隔离脉动器和所有真空下运行的设备。堵住所有进气口。

（4）调节空气流量计直至真空度接近步骤2中记录的真空度。记录下此时气流量。

（5）隔开输奶系统。

（6）打开并调节流量计直至真空度与步骤4中真空度一致。记下气流量。

（7）计算步骤6与步骤4中气流量之差作为输奶系统泄漏量。

本方法需要真空表和空气流量计重复性好，特别是当泄漏很小时。

三、集乳罐的有效容积

（1）若排奶器有自动控制装置时，在集乳罐的有效容积的测试中不开启自动功能。

（2）将集乳罐连接到真空。

（3）使集乳罐部分注水。

（4）手动操作排奶器直至无水排出。

（5）停止排水，向集乳罐中再注入水，直至液面与集乳罐最低进口的底部平齐。

（6）手动启动排奶器，收集从排奶管道排出的水，直至无水排出，记录水的容积，作为集乳罐容积。

四、排奶器泄漏量检查

（1）保持集乳罐在真空状态下，将排奶管末端浸入一水槽里。

（2）使水以接近排奶器排量的流量进入集乳罐中。

为使该项试验能表示出泄漏量，必须确保进入集乳罐的水不会让气泡混入排奶器。

（3）开启排奶器，检查排奶管末端有无气泡产生。当排奶器达到稳定工作状态，而浸入水中的排奶管末端没产生任何气泡，就可认为排奶器无泄漏。

（4）停止排奶器，停止进入集乳罐中的水流。

（5）通过观察水槽中水位的降低或集乳罐中水位的增加，检查是否会被回吸至集乳罐中。

（6）如挤奶设备的集乳罐为透明，在排奶器停止泵奶而集乳罐仍处于真空时，观察集乳罐中是否有气泡。

第三节 挤奶设备输奶系统测试结果分析

一、输奶管道坡度测试结果分析

评价指标：奶管倾斜度的设计应满足当所有挤奶单元工作时，并按设计奶流量和空气流量运行时，其集乳罐与奶管路中任何一点间的真空降不超过 2 kPa。奶管路的倾斜度应符合由 GB/T 8186—2011 中附录 C（奶牛和水牛）和附录 D 中 D.3（山羊和绵羊）确定的值。

测试输奶管道坡度的意义在于：挤奶管道朝集乳罐方向应有一定的坡度以使奶液在重力作用下流向集乳罐。因为对于任何一

个给定奶流量，通过增加平均坡度，重力的影响就会增加，从而通过减小管道中的平均充奶高度来降低塞流的风险。只要在不超过 5m 的长度上能测量到平均坡度，同时，有朝向集乳罐的连续坡度，挤奶管道坡度的微小变化通常不会降低输奶能力。

二、输奶系统的泄漏测试结果分析

评价指标：管道式、计量瓶式和自动挤奶设备，进入输奶系统的空气泄漏量不应超过 10L/min，每个挤奶单元的泄漏量不应超过 2L/min。

通过输奶系统的泄漏测试，可以检查输奶系统是否存在泄漏，进而排查奶泵、集乳罐连接处和挤奶管道的接头处是否存在泄漏。

三、集乳罐的有效容积测试结果分析

评价指标：集乳罐有效容积应不小于使用说明书中标注的有效容积。

通过测试集乳罐的有效容积，可以验证集乳罐能否有足够的容量来缓和在挤奶和清洗过程中可能形成的浪涌。

四、排奶器泄漏量测试结果分析

评价指标：排奶泵和排奶泵与集乳罐之间不得漏气。奶液不得从排奶泵倒流向集乳罐。

排奶器泄漏量的测试意义在于能够反映出挤奶设备的排奶装置能否有足够的能力满足系统中挤奶、清洗和消毒过程中最大流量的需要，有没有奶液倒流至集乳罐的现象，还可以检查排奶泵和排奶泵与集乳罐之间有没有漏气。

第五章

挤奶设备挤奶单元

本章将要介绍的是挤奶设备挤奶单元的工作原理、相关性能指标的测试方法及测试结果分析。通过本章节的学习，能够系统掌握挤奶单元相关性能指标的测试方法及评价方法，并依据测试结果对挤奶单元的工作状况进行分析，判断其工作状况是否正常、是否出现故障或问题，进而作出相应的调整、维护或是更换零部件，保证挤奶单元正常工作。

第一节
挤奶设备挤奶单元的工作原理

挤奶设备挤奶单元是指为单头家畜挤奶必需的部件组合，一台挤奶设备上可以有多个挤奶单元以便同时对多头家畜挤奶。一般挤奶单元包括一个或多个挤奶杯组、长奶管、长脉动管和一个或多个脉动器、还可能包括一个或两个奶桶、一个或多个计量瓶（奶量计）及其他附件（图 5-1）。

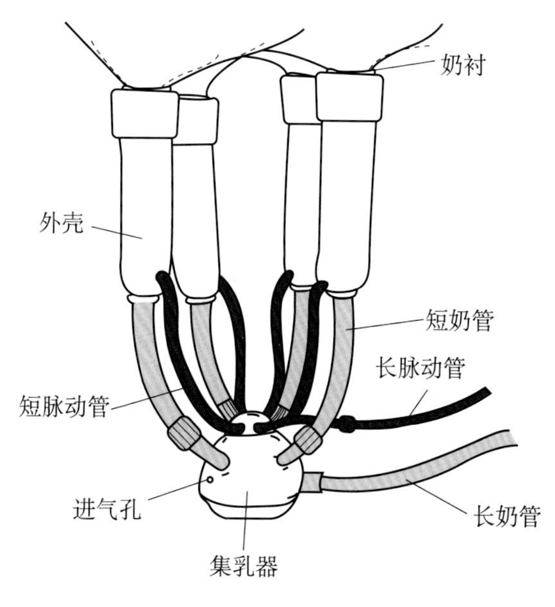

▶ 图5-1　挤奶杯组

脉动器是挤奶设备的心脏，通过它的作用把脉动室变成大气和真空交替变化，形成有规律的脉动，当脉动室处于真空状态时，奶杯内套处于吸吮时相，这时乳头管被打开，乳汁被吸出；当脉动室接通大气时，奶杯内套被压扁，从而切断了乳头室真空，乳头管通道被关闭，乳汁不再排出，此为奶杯内套关闭时相。挤奶设备就是这样由吸吮时相转为关闭时相，再由关闭时相转为吸吮时相，周而复始地模仿家畜吸奶、咽奶的重复动作，完成挤奶作业。

集乳器的一个作用是将脉动真空按时频分配给各个奶杯；另一个作用是把从乳头挤出来的奶汇集起来输送到奶桶或计量瓶（奶量计）。集乳器上有一个小孔，它作用是保证有一定量的空气进入集乳器，使进入集乳器的奶迅速流出（因此，这个小孔应保持畅通）。集乳器上还有一个停吸阀，对集乳器的真空起开关作用，停吸阀推进去为接通奶杯组真空开始挤奶，拔出则切断真空。家畜踢杯或挤奶结束摘下奶杯时，一定要把停吸阀拔出来，以保持整个挤奶系统的真空度。

奶杯组由不锈钢外壳、无毒食品级耐老化橡胶内套、短脉动管和短奶管组成。奶杯内套是挤奶设备中唯一与家畜乳头直接接触的部件，它的好坏对挤奶效果和家畜健康有直接的影响。

计量瓶或分流计量装置，可以较为直观地观察单头家畜的奶产量，采用电子计量的挤奶设备，电子计量器可将产奶量直接通过数据线传给计算机，计量便捷、直观、准确。

第二节 挤奶设备挤奶单元试验方法

一、奶杯内套口部深度和有效长度

（1）奶杯内套口深度用置于内套口中心、由内套口上表面支撑的特殊工具测量（图 5-2）。此工具配备一根在内套轴向能自由移动的量杆，但配合精密避免漏气。杆在内套里的一端应有一个直径 5.0mm 的半球体。本测量也定义了上接触点、下接触点和有效长度的测量方式相似，用量杆从奶杯底部透明接头处插入内套或截断短奶管从内套底部插入测量。

（2）将工具置于奶杯内套口中心，插入量杆，将真空表连接在短奶管上。

（3）接通短奶管的真空并记录真空度。

（4）从内套向外拉量杆直至量杆不再接触内套。再朝内套方向慢慢移动量杆直至再接触到内套。

（5）记录量杆从奶杯内套口上表面至量杆插入内套的半球端的距离，作为所记录真空下奶杯内套口深度（图 5-2 中 L_2）。

（6）记录奶杯内套口上表面至内套下端或奶杯透明接头底部的距离（图 5-2 中 L_1）。

（7）将内套充气。从内套下端或奶杯透明接头底部将工具置于中心。从奶杯内套口接入真空并记录真空度。

（8）从内套向外拉量杆直至量杆不再接触内套。再朝内套方向慢慢移动量杆直至再接触到内套。

（9）记录从短奶管下表面或奶杯透明接头底部至量杆半球端的距离，作为量杆插入内套的深度（见图 5-2 中 L_3）。

（10）计算步骤 6 和步骤 9 中测量值之差作为内套有效长度（L_1-L_3）。

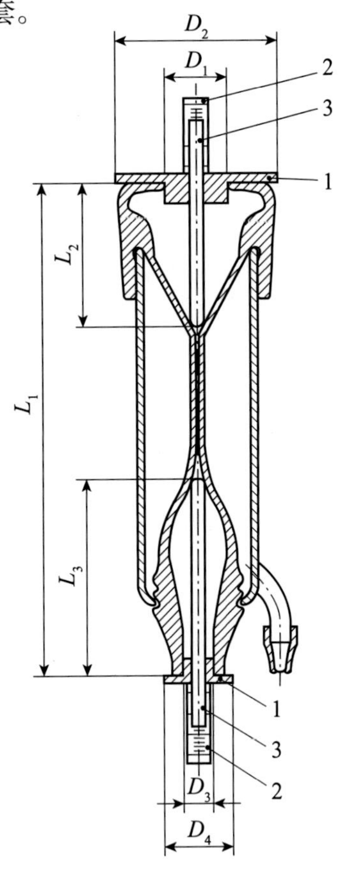

▶图5-2　奶杯内套口深度和内套有效长度的测量工具示意图

D1：奶杯内套口边缘直径；
D2：奶杯内套口外径或更大尺寸；
D3：短奶管内径；
D4：内套端外径或更大尺寸
1定心工具；2刻度计；3量杆
注：L_1、L_2和L_3的定义分别见步骤6、步骤5和步骤9。

二、奶杯或挤奶杯组脱落进气量

（1）挤奶设备在不装真空调节器的状态下运行，用一个直通接头将空气流量计连接在 A_1 点，将真空表连接在 V_m 点，调节流量计直至真空度达到 50 kPa。

（2）自动关闭阀开启的情况下打开一个奶杯或一个挤奶杯组，调节流量计直至真空度与步骤 1 中相同。

（3）挤奶杯组或奶杯用气量即为步骤 1 中流量计读数减去步骤 2 中读数。

该测试仅适用于挤奶杯组或奶杯进气量小于有效储备量

的情况。

三、挤奶单元关闭阀的泄漏量

（1）测试时在长奶管和挤奶杯组 / 奶杯间连接一个流量计。

（2）自动关闭阀处于关闭状态，测量空气流量并记录读数作为关闭阀的泄漏量。

如果流量计测量的是容积流量，应考虑流量计的真空度。

四、进气孔进气量及奶杯 / 挤奶杯组的泄漏量

（1）测试时在长奶管和集乳器 / 奶杯间连接一个流量计。

（2）将流量计连接到真空系统（挤奶管道或真空管道），记录挤奶设备的工作真空度。

（3）插上奶杯塞，打开所有挤奶杯组阀门。

（4）记录通过流量计的空气流量作为总的进气量。

（5）堵住进气孔，记录此时通过流量计的气流量作为空气泄漏量。

（6）计算出步骤 4 中和步骤 5 中所记录的空气流量的差值作为气孔进气量。

五、奶桶、输送罐和计量瓶有效容积

（1）将待测单元置于挤奶状态，在其真空连接点和真空源间连接一个容器。该容器及其连接件最好是透明的。

（2）在工作真空度下运行挤奶设备。

（3）向单元注水直至真空连接处有水出现。

（4）让气流以 80L/min 进入待测单元，直至再没有水流通过真空连接处。

（5）记录待测单元中的残留水量作为其有效容积。

六、挤奶杯组真空度

（一）准备好人造乳头

人造乳头，如图 5-3 和表 5-1 所示。其出口孔设计为由奶杯内套关闭。为能让闭合的内套完全覆盖住人造乳头上的孔，使其有效闭合，人造乳头的安放位置十分重要。建议固定奶杯，让乳头挠性连接在液体源以避免人造乳头和奶杯口间的泄漏。

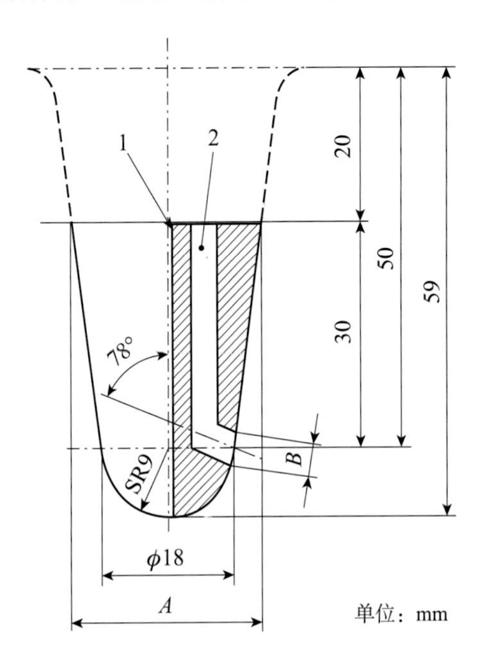

▶ 图5-3　人造乳头

1. 测量通道；2. 液体通道

A：人造乳头直径；B：人造乳头出口孔径

表 5-1　人造乳头尺寸

	奶牛，水牛和山羊	绵羊
直径，A（mm）	25	20
出口孔直径，B（mm）	4.5	3.5
出口孔数目	1 或 2	1

如果 d 相中（见本书最小真空时相定义）奶杯和被测人造乳头的组合不能阻断液流，可使用液体关闭阀。此类液体关闭阀应直接接在人造乳头上游。应采用措施确保供给乳头的液压保持恒定在 3 ～ 5kPa。

测量人工乳头吸水时真空度和真空变化。挤奶单元应正常工作。

（二）安装好挤奶杯组

描述挤奶设备连接状况时主要包括如下几方面。

（1）长奶管长度和内径。

（2）长奶管连接形态（图 5-4），主要包含下述几方面：

——乳头基线与奶管道中心的垂直距离（h_1）；

——乳头基线与长奶管最低点的垂直距离（h_2）；

——乳头基线与长奶管最高点的垂直距离（h_3）；

——集乳器与长奶管最低点的垂直距离（h_4）；

——奶杯处（短）奶管上端与长奶管最低点间的垂直距离（h_5）；

——乳房中心与奶管道中心的水平距离（l）；

——描述安装在挤奶单元中挤奶杯组和奶管间的任何装置。

（3）奶入口阀描述。

（4）真空接口描述。

当对挤奶单元进行比较时，应配置好长奶管长度以保证所有单元的 h_2 和 l 值（图 5-4）相同。

为便于对测定结果进行比较，对高位挤奶管道配置其 h_1 最好为 1 300mm，对低位挤奶管道配置其 h_1 最好为 700mm。

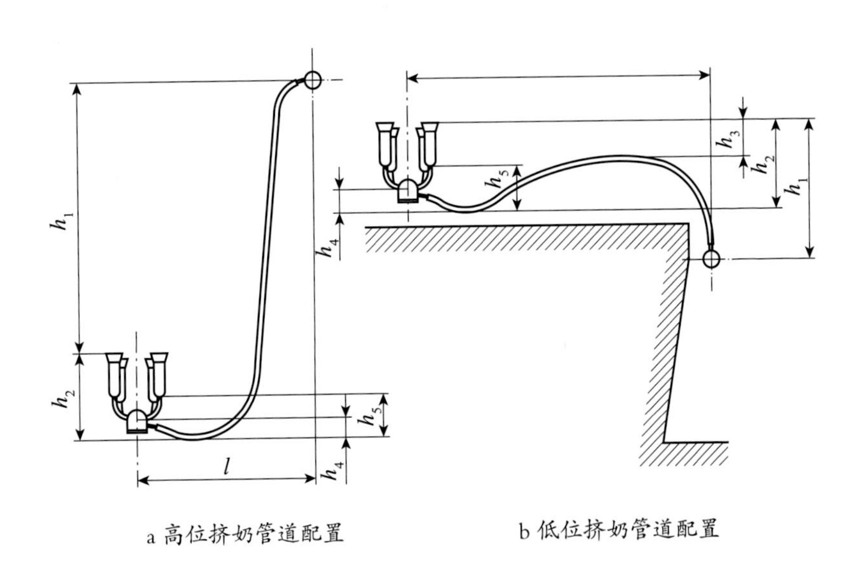

▶图5-4　典型的长奶管连接形态

h_1：乳头基线与挤奶管道中心的垂直距离；

h_2：乳头基线与长奶管最低点的垂直距离；

h_3：乳头基线与长奶管最高点的垂直距离；

h_4：集乳器与长奶管最低点的垂直距离；

h_5：奶杯处（短）奶管上端与长奶管最低点间的垂直距离；

l：集乳器与挤奶管道中心的水平距离

（三）奶杯内套平均真空度

1. 一般要求

测试中的平均真空度，按选定测量点所有真空度的算术平均值计算。

2. b 相时段内套平均真空度

脉动波形中 b 相（图 1-25）时段内套平均真空度是测量周期内每个脉动循环波形中 b 相记录值的平均值。

3. d 相时段内套平均真空度

脉动波形中 d 相（图 1-25）时段内套平均真空度是测量周期内每个脉动循环波形中 d 相记录值的平均值。

（1）按本条（一）的要求安装挤奶单元，并按本条（二）的描述连接至挤奶设备。

（2）按说明书中给出的对应的挤奶管道额定真空度，在挤奶杯组各奶杯间的特定平均分配水流量下，记录奶管道上乳头端的真空度和脉动室的真空度。

（3）计算奶管道的工作真空度、乳头端平均真空度以及 b 相和 d 相时间（图 1-25），依据本条（三）得到乳头端平均真空度。

七、长奶管上连接部件引起的真空降

（1）测定并记录长奶管中接入奶量计或附件对真空度的影响，方法是测定特定挤奶单元在连接和未连接附件两种情况下的平均真空度，并比较结果。

（2）按测量挤奶杯组真空度测试方法中（一）的要求安装挤

奶杯组，不在长奶管中连接附件，按测量挤奶杯组真空度测试方法中（二）的描述将挤奶杯组与设备连接。

（3）按表 5-2 给出水流量均匀地分配到挤奶杯组各奶杯，记录真空度，根据测量挤奶杯组真空度测试方法中（三）计算内套平均真空度。

（4）按附属部件的说明书要求，将附件用相配套的管子安装在长奶管中，调节长奶管的长度，以便在符合步骤 2 的配置要求下进行步骤 5 描述的测试。

（5）在与步骤 3 相同的水流下，记录下真空度并计算出内套平均真空度。

（6）被测附属部件上的真空降为步骤 3 与步骤 5 中计算出的平均真空度的差值。

八、长奶管末端空气流量

（1）检查长奶管长度和内径。

（2）挤奶设备按本书第一章第三节的规定运行，在连接点 V_m 处连接一真空表。

（3）记录此时的真空度作为挤奶设备的工作真空度。

（4）将空气流量计连接到长奶管末端取代集乳器或奶杯。如果是桶式挤奶设备，应将脉动器与奶杯组连接后运行，但不供给挤奶杯组真空。

（5）关闭流量计，记录长奶管末端的真空度；对于桶式挤奶设备，保持流量计进气量为 10L/min 情况下记录长奶管末端的真空度。

（6）开启流量计，直至长奶管末端的真空度比步骤 5 记录值低 5 kPa。

（7）记录此时流量计的读数作为长奶管末端空气流量值。对于桶式挤奶设备，计算步骤 3 和步骤 5 中测量真空度之差作为提桶机上单向阀的真空降。

第三节 挤奶设备挤奶单元测试结果分析

一、奶杯内套口部深度和有效长度测试结果分析

评价指标：奶杯外壳的内部尺寸应不限制内套的正常动作。奶杯内套口部深度和有效长度应与使用说明书给出的奶杯内套所必需的各种参数相符，这些数据可包括乳头尺寸、内套类型和尺寸。

通过测试奶杯内套口部深度和有效长度，可以验证奶杯内套能否正常工作，内套有没有被奶杯外壳限制了正常动作，所测数据是否与说明书所标奶杯内套数据一致，如出现上述情况，应考虑更换奶杯内套。

二、奶杯或挤奶杯组脱落进气量测试结果分析

评价指标：奶杯或挤奶杯组脱落进气量应不超出使用说明书中给出的限定值。

通过测试奶杯或挤奶杯组脱落进气量，可以验证奶杯或挤奶杯组脱落所消耗气量是否与使用说明书中给出数据相符，若数据差异较大，则应考虑可能导致奶杯或奶杯组脱落耗气量增大的原因。

三、挤奶单元关闭阀的泄漏量测试结果分析

评价指标：如果挤奶杯组中的真空只是依靠进气孔来降低，集乳器关闭阀的泄漏应小于 2L/min，对于单个挤奶杯组应不超过进气孔允许进气量的 1/4。

在测试挤奶单元关闭阀的泄漏量时，一旦发现泄漏量超过限值，则应考虑更换自动关闭阀。

四、进气孔进气量及奶杯 / 挤奶杯组的泄漏量测试结果分析

评价指标：在额定工作真空度下对于奶牛和水牛每个挤奶杯组的允许进气总量应在 4 ～ 12L/min，对于山羊和绵羊则为 4 ～ 8L/min。

对于分乳区挤奶，奶杯组采用轮转进气设计或其他特定的设计，不适用上述允许进气量的要求。在此情况下，每个挤奶杯组或奶杯的总进气量应满足使用说明书中的要求。

当用奶杯塞堵住奶杯内套，开启真空关闭阀时，每个挤奶杯组的泄漏量不应超过 2L/min。

奶杯 / 挤奶杯组泄漏量测试，可以验证其泄漏量是否超过设计限值，若超出限值，则应考虑奶杯 / 挤奶杯组破裂以及其他可能的原因。

进气孔进气量的测试，可以验证进气孔进气量是不是处于设计值范围内，若测试结果若超出设计值范围，则应考虑进气元件发生堵塞或损坏。

五、奶桶、输送罐和计量瓶有效容积测试结果分析

评价指标：奶桶、输送罐（桶式挤奶设备）和计量瓶的有效

工作容积应符合使用说明书中的要求。

通过奶桶、输送罐（桶式挤奶设备）和计量瓶有效容积的测定，可以验证其有效容积与设计要求的符合性，能否满足实际生产需要，如不能满足，则应考虑调整奶桶、输送罐（桶式挤奶设备）和计量瓶有效容积。

六、挤奶杯组真空度测试结果分析

评价指标：在特定奶流量下（至少应从表5-2中选择一个）挤奶单元的奶杯内套中理想平均真空度、在脉动室记录中b相和d相时奶杯内套中理想平均真空度应符合使用说明书中的要求。

研究和实际经验都表明，在奶牛挤奶流量峰值期间，奶杯内套内的平均真空在32～42kPa范围内，可以确保大多数奶牛快速、柔和并彻底地完成挤奶。同样，在山羊、绵羊挤奶的流量峰值期间，奶杯内套内的平均真空在28～38kPa范围内，可以确保大多数动物快速、柔和并彻底地完成挤奶。

表5-2　产奶动物的典型奶流峰值

品种	测试的参考流量（kg/min）	
奶牛	低产	3
	高产	5
水牛	低产	1.5
	高产	2.5
绵羊	低产	0.8
	高产	1.5
山羊	低产	1.0
	高产	2.0

挤奶杯组真空的测定，可以发现挤奶杯组真空度是否能够在特定的奶流量下快速干净地完成挤奶，如奶杯内套内的平均真空在 32 ～ 42kPa 范围内，可以确保大多数奶牛快速、柔和并彻底地完成挤奶。若超出限值，应考虑调整挤奶系统的工作真空度。

七、长奶管上连接部件引起的真空降测试结果分析

评价指标：安装在挤奶杯组和输奶管道或挤奶真空管道之间的装置，包括必要的连接管与没有这些装置的同样的挤奶单元相比，其导致的真空度额外损耗应不超过 5kPa 的真空降（对于奶牛，在奶流量为 5kg/min 时；对于水牛、绵羊和山羊则在奶流量为 2kg/min 时）。

通过长奶管上连接部件的真空降的测定，可以检查长奶管上连接部件安装是否紧密、无较大泄漏。

八、长奶管末端空气流量测试结果分析

评价指标：桶式挤奶设备长奶管末端的自由空气流量不应低于 65L/min，其他类型挤奶设备长奶管末端的自由空气流量应不低于使用说明书给定值。

通过长奶管气流量的测定，可以检查在集乳器和奶管路之间存在任何障碍、限制或堵塞的可能。在低于工作真空 5kPa 的条件下，通过奶杯的最小气流应大于说明书给定的最低值，如果气流过低，则应考虑长奶管堵塞、自动截止阀运转出现故障、奶管老化、开裂、损坏或是自动装置发生其他泄漏。

第六章

挤奶设备测试常见问题分析与处理

目前，挤奶设备行业还没有统一的安装规范，虽然 GB/T 8186—2011 对挤奶设备的安装有所要求，但不能系统地指导企业生产安装，对于 GB/T 8186—2011 未做规定的一些设计、安装要求，企业一般按照现有的设计、安装经验或是内部标准、要求进行设计、安装，由于每个生产企业的设计、安装水平、人员素质不同，因此，呈现在我们面前的挤奶设备的测试现场千差万别。

受牧场设施环境与设备配置条件的限制，以及生产企业设计与安装人员的技术水平和用户使用维护水平的差异，我们会面对不同安装型式、不同运行状态、不同配置的挤奶设备，即使是同一生产企业设计安装的同一型号的挤奶设备，也会呈现出不同情况。因此，我们在测试现场，遇到各种各样测试问题就不足为奇了。对于出现的各种测试问题，我们应在熟练掌握挤奶设备技术条件和测试方法的基础上，对于一些标准中未提及或未作规定的一些测试问题，结合已有的测试经验，遵循国家标准的原旨进行合理的处理，使我们得出准确的测试结果。

1. 实际工作真空度与设计工作真空度不同

在牧场测试时，我们往往会遇到这样的情况，用户认为真空压力大可以快速彻底地将奶挤干净，因此，将挤奶设备平时运行时的工作真空度设置较高。如奶牛挤奶设备的工作真空度为 42 ～ 50kPa，有的牧场将工作真空度设置为 52 kPa，高于设计工作真空度值。遇到这种情况，测试中该如何处理呢？

在 GB/T 8187—2011《挤奶设备 试验方法》5.1.2.1 条对试验条件进行了说明，即启动真空泵，使挤奶设备处于工作状态，并将所有挤奶装置连接起来。移动式挤奶设备应置于最远工作位。安装符合规定的奶杯塞并将所有的控制部件（如奶杯组自动脱落系统）置于工作状态。连接所有与挤奶设备有关的真空装置（包括挤奶时不工作的装置）。从该条规定可以看出，挤奶设备必须处于工作状态。那么我们在测试时，是应该按照 52kPa 的实际工作真空度去进行测试还是按照设计的工作真空度值进行测试呢？

首先，要看测试的目的是什么。若是通过测试掌握设备目前的运行状况，则应按 52kPa 的实际工作真空度去测。若是测试设备能否在设计的工作真空度范围内正常工作，则应考虑调整实际工作真空度值。这个工作真空度值应根据挤奶设备使用说明书的规定确定或是挤奶设备安装调试完毕后所确定的真空度值。因为设计的工作真空度值能使整个挤奶设备发挥最大效能，整个系统运行更稳定，也充分考虑了家畜的挤奶福利，有效避免乳房炎的发生，这才是真正的工作状态，真正的工作真空度。而 52kPa 这个值已经超出挤奶设备设计的工作真空度范围，建议挤奶设备用户经过一段时间，逐渐降低实际工作真空度值，使实际工作真空度逐步恢复到设计的工作真空度值范围内。

2. V_p、V_r、V_m 三点测试真空度读数不符合逻辑

理论上讲，在没有任何泄漏的情况下，V_p、V_r、V_m 点三处的压力值应一致，但实际上，随着真空管道延伸，不可避免地会有压力损失，因此，V_p、V_r、V_m 点三处的压力值应依次递减，但彼此之间的差值不会很大。在实际检测中，有可能出现 V_m 处的真空度值大于 Vr 处值，如 V_m 处真空度值为 46.8kPa，V_r 处真空度

值为 46.7kPa，V_p 处的真空度值为 46.7kPa。

出现这种情况，我们考虑可能是以下 3 种原因造成的。一是由于不同真空表的误差导致的读数结果有差异。假设 V_p 处真空度真值为 46.9kPa，V_m 处真空度真值为 46.6kPa，读取 V_p 处真空度值的真空表出现 -0.2kPa 误差，则 V_p 处真空度读数为 46.7kPa，读取 V_m 处真空度值的真空表出现 +0.2kPa 误差，则 V_m 处真空度读数为 46.8kPa，而国家标准要求真空表准确度应达到 ±0.6kPa，显然这两块真空表是符合标准规定的准确度要求，所以，出现这种情况也是常见的。二是挤奶设备真空系统不稳定或是辅助的孔板密封不严，在系统中存在真空扰动或是某个部位存在真空泄漏，加之测试时，不可能完全做到同步读取 3 个点的压力值，也有可能出现 V_m 处比 V_r 处压力值大。三是由于奶厅的布局，V_p、V_r、V_m 三点不在同一个空间，所以，连接这 3 个点的压力表所处的环境条件不一样。一般 V_p 点位于泵房，环境相对封闭，电机与泵的运行造成泵房温度略高、湿度较小；V_r 点位于储奶间，储奶间内有清洗管路、清洗水槽、制冷罐等，房间湿度较大。V_m 点位于挤奶厅内，是一个相对开放的空间，温度和湿度与泵房和储奶间的又不一致。由于真空压力表是较为精密的仪器，不同的环境条件可能对真空表的读数值产生影响。

因此，测试时应逐一排查出现这种现象的原因。一是检查挤奶设备和辅助孔板的密封情况，看是否存在真空扰动的情况或是局部泄漏，确认挤奶设备处于稳定正常的状态再进行测试；二是尽量将连接 3 个点的压力表放在一个相同的环境中静置一段时间再进行读数，这样可以减少不同环境条件对压力表读数的影响，同时，尽可能地做到同一时间对 3 块压力表读数，若还不能解决问题，则尝试用同一块压力表分别读取 3 个点的压力值，排除因为不同表之间的误差导致读数与真值偏差过大的情况。

3. 在挤奶设备中，同时配备两台或两台以上的真空泵，真空泵转速、真空泵抽气速率如何测得

在 GB/T 8187—2011《挤奶设备 试验方法》5.3.1 条中对挤奶设备真空泵抽气速率的测试方法的表述中，并没有提及多台真空泵时真空泵抽气速率的测试方法。那么，遇到一套挤奶设备中，配备了两台或两台以上的真空泵时，真空泵转速、真空泵抽气速率如何测得呢?

首先我们应深刻理解 GB/T 8187—2011《挤奶设备 试验方法》中真空泵抽气速率测试方法的主旨精神，虽然标准中没有规定到底是一台真空泵还是两台或是多台真空泵，但是，有一点可以明确，它是指的挤奶设备的真空泵或是真空源，那就不是单一的看是一台真空泵还是两台或是多台真空泵，而是看这套挤奶设备的真空源有几台真空泵，如果有一台，那就测以这一台真空泵作为挤奶设备真空源的抽气速率，如果有两台或是多台，那就测以这两台或是多台真空泵作为挤奶设备真空源的抽气速率。

以一套挤奶设备配备两台真空泵为例，我们应找到主真空管路，它是汇合两台真空泵的抽气管路，而不是其中一个真空泵的抽气管路，以这条主真空管路为测试对象，来测取这套挤奶设备真空源的抽气速率。如测取 50kPa 时真空泵的抽气速率时，应将这条主真空管路与挤奶设备的其他部分断开，直接以一个等径接

头将空气流量计连接，测取 50kPa 时的空气流量，分别读取两台真空泵的转速，与真空泵标示的额定转速进行比较，若有较大差异，则需考虑系统电压对电机转速的影响或是真空泵皮带轮大小对真空泵转速的影响。

4. 测试中，能否借用挤奶设备上的真空压力表进行读数，并参照读数完成相关试验内容

挤奶设备上的真空表，大多没有经过检定校准，不能保证读数是否准确。如果是刚装的真空表，因为刚经过出厂检验校准，误差较小，读数相对较准；如果是使用时间比较长的真空表，可能误差较大，读数会有较大偏差。对于专业的检测机构，其使用的测试仪器设备必须进行检定校准，且在检定校准有效期内；对于挤奶设备生产企业，用于设备安装调试、运行维护的测试仪器，也应进行检定校准并在检定校准有效期内。

对于挤奶设备用户为了掌握设备运行状态对其进行检测，由于检测条件的限制，一般会参考设备上的真空表读数完成检测，鉴于真空表存在误差的不确定性，应对真空表读数进行比对修正，才能得出较为准确的结果从而形成正确的判断。

5. 对于并列式挤奶设备，有两个集乳罐，那么如何测量并列式挤奶设备的有效储备量

GB/T 8187—2011《挤奶设备 试验方法》5.2.5 条中提到，对于在多个集乳罐的情况下，可能有必要在连接点 A_1 间分别适量进气。因此，对于并列式挤奶设备，我们在测它的有效储备量时，应该考虑在两个集乳罐上分别用等径接头连接空气流量计。

根据挤奶设备在正常工作情况下测得的 V_m 点压力值作为挤奶设备的真空压力，分别打开两个流量计，使其适量进气，使 V_m 点压力值下降 2kPa，分别读取两个流量计的流量值，两个流量计的气体流量值之和即为该并列式挤奶设备的有效储备量（不考虑挤奶设备在正常挤奶期间、但测试时不使用的设备如液位控制的隔膜奶泵的耗气量）。

第七章

挤奶设备高效测试

前面第二章至第五章已经介绍了挤奶设备的单项性能的测试方法，但对于挤奶设备而言，我们在检测当中，往往并不是只测其中一到两个性能指标，而是测多个指标或是对挤奶设备整个系统进行测试，这对试验检测人员提出了更高要求。从前面的测试方法介绍中，我们可以知道，很多试验项目的测试条件甚至一些步骤是相同的或是重复的，如何合理安排试验流程，快速地完成全部试验项目，需要我们在熟悉相关试验方法后精心的安排试验步骤，减少重复工作，才能事半功倍，快速地完成试验。

本章将给出一个挤奶设备高效测试的示例，就是按照前面章节介绍的测试方法，对试验项目进行合理编排，高效快速地完成调节特性曲线测试、调节器泄漏量、调节器损失量、调节器灵敏度、真空泵生产能力、有效储备量、管路真空降、脉动频率和脉动比率、输奶系统泄漏量、真空管路泄漏量等项目的测试。

本示例所给出的测试流程，只是一个参考流程，详细的测试过程已在本书前面的章节介绍了，读者可根据各测试项目的测试方法作出更有利于测试的流程安排。

一、试验前准备

在表 7-1 中，记录下与挤奶设备、奶管道、主真空管路和脉动器真空管路，挤奶单元和奶入口阀（如有）的个数等相关的信息。此外，还要包括海拔高度和大气压力的详细情况。

在 A_1 点处连接一个流量计，关闭其气流。启动真空泵，运行至少 15min 或其他规定的启动时间。

表 7–1　挤奶设备基本情况记录表

设备编号					测试日期			
客户名称					检测人员			
地址								
海拔（m）					大气压（kPa）			
设备类型	□桶式挤奶设备　□管道式挤奶设备　□挤奶台							
奶管道	□单路　□环路　□转桥式　□固定桥架式							
	内径（mm）		最大高度（m）		坡度（mm/m）		倾斜管道长度 1 + 2 +……+… m	
主真空管路	内径（mm）				长度（m）			
脉动器真空管路	内径（mm）				长度（m）			
	挤奶单元数		入奶接口数		挤奶员工数		挤奶家畜头数	
脉动器	□独立的　□主控式　□电动　□气动　□交替式　□同步式							
附件	□自动挤奶　□自动脱杯　□计量瓶　□奶量计　□其他							

在此期间，可测量挤奶杯组的进气量和真空接头、各牛位接口的真空降。

除挤奶单元外，连接所有与挤奶设备相关的真空操控设备，包括那些在挤奶时不工作的部件，将挤奶设备置于挤奶状态。

二、调节特性的测试

调节特性的测试，见表 7–2。

表 7–2　调节特性

序号	参数	进气		自动关闭阀是否工作	真空度（kPa）	
		奶杯	挤奶杯组		测量值	限值
D.1.1	奶系统的平均真空度	否	否	—		—
D.1.2	进气时最小真空度	是	否	是 / 否 [a]		—
D.1.3	进气时平均真空度	是	否	是 / 否 [a]		—
D.1.4	停止进气时的最大真空度	否	否	—		—

续表

序号	参数	进气		自动关闭阀是否工作	真空度（kPa）	
		奶杯	挤奶杯组		测量值	限值
D.1.5	停止进气后的平均真空度	否	否	—		—
D.1.6	套杯时真空降（D.1.1-D.1.3）	—	—	—		2
D.1.7	调节下冲（D.1.3-D.1.2）	—	—	—		2
D.1.8	调节突增（D.1.4-D.1.5）	—	—	—		2
D.1.9	奶系统平均真空度	否	否	—		—
D.1.10	进气时最大真空度	是[b]	是[b]	是		—
D.1.11	进气时平均真空度	是[b]	是[b]	是		
D.1.12	停止进气时的最大真空度	否	否	—		—
D.1.13	停止进气后的平均真空度	否	否	—		—
D.1.14	脱杯时真空降（D.1.9-D.1.11）	—	—	—		2
D.1.15	调节下冲（D.1.11-D.1.10）	—	—	—		—
D.1.16	调节突增（D.1.12-D.1.13）	—	—	—		2

a 在如套杯等的操作中

b 奶杯进气：对分乳区挤奶；挤奶杯组；含集乳器

（1）安装奶杯塞后运行挤奶单元，在 V_m 处接一真空表。

（2）记录 5 ～ 10s（1 相，见调节特性测试步骤 3）的真空度。打开一个奶杯模拟挤奶套杯（2 相，见调节特性测试步骤 4），真空度稳定（3 相，见调节特性测试步骤 4）继续记录 5 ～ 15s，关闭奶杯真空度稳定后（4 相，见调节特性测试步骤 5）记录 5 ～ 15s。

（3）计算 1 相中 5s 内的平均真空度，并记录在 D.1.1 中（见调节特性测试步骤 6）。

（4）找出 2 相中的最小真空度，记录在 D.1.2 中（见调节特性测试步骤 7）。

（5）计算 3 相的平均真空度，记录在 D.1.3 中（见调节特性测试步骤 8）。

（6）找出 4 相的最大真空度，记录在 D.1.4 中（见调节特性测试步骤 9）。

（7）计算 4 相稳定后的真空度，记录在 D.1.5（见调节特性测试步骤 10）和 D.1.9 中。

（8）计算挤奶套杯时的真空降、调节下冲和调节突增，记录在 D.1.6、D.1.7 和 D.1.8 中（见调节特性测试步骤 11、12、13）。

（9）打开分乳区挤奶的一个奶杯，或配有集乳器挤奶的一个挤奶杯组，以模拟奶杯踢落或脱落（2 相，见调节特性测试步骤 4），在真空度稳定后（3 相，见调节特性测试步骤 4）记录 5 ～ 15s；关闭奶杯或挤奶杯组待真空度再次稳定后（4 相，见调节特性测试步骤 5）记录 5 ～ 15s。

（10）找出 2 相最小真空度，记录在 D.1.10 中（见调节特性测试步骤 7）。

（11）计算 3 相平均真空度，记录在 D.1.11 中（见调节特性测试步骤 8）。

（12）找出 4 相最大真空度，记录在 D.1.12 中（见调节特性测试步骤 9）。

（13）计算真空度再次稳定后 4 相的平均真空度，记录在 D.1.13 中（见调节特性测试步骤 10）。

（14）计算奶杯脱落的真空降、调节下冲、调节突增，记录在 D.1.14、D.1.15 和 D.1.16 中（见调节特性测试步骤 11、12、13）。

三、挤奶设备真空度、调节器灵敏度的测量和真空降的计算

挤奶设备真空度，调节器灵敏度和真空降测定，见表 7–3。

表 7–3　挤奶设备真空度、调节器灵敏度和真空降测定

序号	参数	挤奶单元	A_l点流量	连接点	真空度（kPa）	
					测定值	限值
D.2.1	设备真空表真空度	否	无	—		—
D.2.2	设备真空表附近真空度	否	无	Vr		—
D.2.3	真空表精度（D.2.1 – D.2.2）	—	—	–		1
D.2.4	挤奶系统真空度	否	无	Vm		—
D.2.5	挤奶设备工作真空度	是	无	Vm		—
D.2.6	调节器灵敏度（D.2.4 – D.2.5）	—	–	–		1
D.2.7	真空调节偏差（额定真空度 -D.2.5 测定值）	—	–	–		± 2
D.2.8	调节器工作真空度	是	无	Vr		—
D.2.9	真空泵工作真空度	是	无	Vp		—
D.2.10	真空泵排气压力	是	无	Pe		—
D.2.11	有效储备量下奶系统真空度	是	有	Vm		—
D.2.12	有效储备量下调节器的真空度	是	有	Vr		—
D.2.13	集乳罐与调节器间真空降（D.2.12-D.2.11）	—	—	—		1
D.2.14	有效储备量下泵工作真空度	是	有	Vp		—
D.2.15	集乳罐与真空泵间真空降（D.2.14 – D.2.11）	—	—	—		3
D.2.16	脉动室最大真空度的最低值（见表 D.5）	是	无	短脉动管		—
D.2.17	集乳罐与脉动室最大真空度间的真空降（D.2.5 – D.2.16）	—	—	—		2

（1）在 D.2.1 中记录下挤奶设备真空表上指示的真空度（见真空表精度测试步骤 1）。

（2）在 D.2.2 中记录下真空表附近的真空度，如在接点 V_r 处

（见真空表精度测试步骤 1）。

（3）计算出真空表的误差（见真空表精度测试步骤 2）并将值记录在 D.2.3 中。

（4）在未连接任何挤奶单元的情况下（见调节器灵敏度测试步骤 3），在 D.2.4 中记录下接点 V_m 处的真空度。

（5）堵好奶杯塞，将所有挤奶单元置于最远端的挤奶工位上运行起来，在 D.2.5 中记录下挤奶设备在连接点 V_m 处的工作真空度（在“测量值”一栏）和额定真空度（在“限值”一栏）。重启真空泵可能导致工作真空度偏离，因此，测量 V_m 处真空度至关闭通过真空调节器的气流（调节器泄漏量测试步骤 3）期间不要停止真空泵。连接点 V_r 不宜与真空调节器感应点重合，因为连接真空表时断开调节感应点会影响到工作真空度。

（6）计算出调节器灵敏度（见调节器灵敏度测试步骤 4）并将其值记录在 D.2.6 中。计算真空调节偏差（见真空调节偏移量测试）并记录在 D.2.7 中。

（7）在 D.2.8 中记录下调节器在连接点 V_r（见调节器泄漏量测试步骤 2）处的工作真空度。

（8）在 D.2.9 中记录下真空泵在连接点 V_p（见真空泵抽气速率测试步骤 1）处的工作真空度。

（9）测量真空泵排气压力（在“测量值”一栏）和允许的排气压力（在“限值”一栏）（见真空泵排气背压测试），并将制造商给定的值记录在 D.2.10 中。

（10）打开连接在 A_1 点的流量计直至 V_m 点处的真空度与 D.2.5（见管路真空降测试步骤 2）记录的值相比降低 2kPa 为止，将该

点真空度值和空气流量分别记录于 D.2.11 中和 D.3.1 中。

（11）对计量式和管道式挤奶设备，将调节器在连接点 Vr（见管路真空降测试步骤 3）处的真空度记录于 D.2.12 中。

（12）计算 D.2.12 和 D.2.11 的记录值之差作为集乳罐和调节器间的真空降（见管路真空降测试步骤 4），并记录于 D.2.13 中。

（13）将连接点 V_p 处（见管路真空降测试步骤 5）的真空度记录于 D.2.14 中。

（14）计算 D.2.14 和 D.2.11 记录值之差作为 V_m 处集乳罐和 V_p 处真空泵间的真空降（见管路真空降测试步骤6），记录在D.2.15中。

四、挤奶设备空气流量的测定和计算

挤奶设备空气流量的测定和计算，见表 7-4。

表 7-4　设备流量——测量和计算

序号	参数	真空调节器	挤奶单元	连接点		真空度	流量（L/min）	
				真空度	流量		测量值	限值
D.3.1	有效贮备	有	有	Vm	A1	D.2.5−2kPa		
D.3.2	带调节器时流量	有	有	Vr	A1	D.2.8−2kPa		—
D.3.3	实际贮备	无	有	Vm	A1	D.2.5−2kPa		—
D.3.4	调节器损失（D.3.1−D.3.3）	—	—	—	—	—		—
D.3.5	无调节器时流量	无	有	Vr	A1	D.2.8−2kPa		—
D.3.6	调节器泄漏量（D.3.2−D.3.5）	—	—	—	—	—		—

续表

序号	参数	真空调节器	挤奶单元	连接点		真空度	流量（L/min）	
				真空度	流量		测量值	限值
D.3.7	在 50kPa 时真空泵抽气量	无	否	真空泵	真空泵	50 kPa		—
D.3.8	在工作真空下真空泵抽气量	无	否	Vp	真空泵	D.2.9 或其他		—
D.3.9	有真空系统时气流量	无	否	Vp 或 Vr	A2	D.2.8 或 D.2.9		—
D.3.10	真空系统泄漏量（D.3.8-D.3.9）	—	—	—	—	—		—
D.3.11	有挤奶系统时气流	无	否	Vp 或 Vr	A2	D.2.8 或 D.2.9		
D.3.12	系统泄漏量（D.3.9-D.3.11）	—	—	—	—	—		—

表 7-5　设备气流量——挤奶但非测试时运行的附件的额外气流量

设备名称	空气流量（L/min）
门气缸	
挤奶杯组自动脱落装置	
奶量计	
排奶器	
其他	

（1）在 D.3.1 中记录通过 A_1 处流量计的气流量（见上一测试阶段步骤 10），如必要，换算成环境大气压下的流量（见本书标准大气压下有效储备量的计算）。

（2）从表 7–5 中得出挤奶时运行，而测试时不运行的附件的空气流量值。

上述所说附件可分为以下三类。

① 挤奶过程中连续运行的设备；

② 挤奶过程中短时间内需要一定空气量的设备；

③ 只在挤奶前或挤奶后工作的设备。

对于①中所定义的设备，在计算泵容量和有效储备量时应该分别加上最低空气需要量。

对于②中所定义的辅助设备，它与挤奶设备使用相同的真空动力源。由于它们在挤奶过程中只是在短时间内消耗了少量的空气，故在大多数情况下没有必要将其需气量计算在内。这样的设备包括奶杯组脱落装置和控制门气缸。然而这些设备可能需要较高的瞬时空气流量，在选择真空管路尺寸时应将其考虑在内。

对于③中所定义的设备，在计算真空泵抽气速率时，不考虑该类设备的需气量。

（3）计算出所需的有效储备量（参见本书第二章第（五）条和表 7–5 中给出的附件的额外气流量），或采用使用说明书中给出的有效储备量，记录在 D.3.1 的限值栏中。

（4）打开空气流量计直至连接点 V_r 处的真空度比 D.2.8（见调节器泄漏量测试步骤 3）记录值降低 2kPa 为止，将空气流量记录于 D.3.2 中。

（5）对于可调节式真空泵，检查泵是否在最大抽气速率下运行。如果是，则没有调节损失，实际储备量等于有效储备量，终止试验。对于其他系统，截断通过调节器的气流，调节流量计直

至连接点 V_m 处的真空度比 D.2.5（见调节器损失量测试步骤 5）记录的真空度降低 2kPa，在 D.3.3 中记录下此时的空气流量值（实际储备量）。

（6）计算 D.3.1 和 D.3.3（见调节器损失量测试步骤 6）记录值之差即为调节器损耗，调节器允许损失量（D.3.3 记录实际储备量的 10% 与 35L/min 两者间的较大值），将这些值记录在 D.3.4 中。

（7）调节流量计直至连接点 V_r 处的真空度比 D.2.8（见调节器泄漏量测试步骤 5）记录值下降 2kPa，也即与本阶段测试步骤 4 相同的真空度。将通过流量计的空气流量记录于 D.3.5 中。

（8）计算 D.3.2 和 D.3.5（见调节器泄漏量步骤 6）记录值之差即为调节器泄漏量以及调节器允许泄漏量（D.3.3 记录的实际储备量的 5% 与 35L/min 两者间的较大值），将这些值记录在 D.3.6 中。

五、真空泵抽气速率、奶系统和真空系统的泄漏测试

真空泵抽气速率、奶系统和真空系统的泄漏测试，见表 7-4。

（1）将真空泵与系统的其他部件隔离开。将可调节式真空泵设置到最大抽气速率。将空气流量计连接至真空泵，记录真空泵流量，按 D.3.7（见真空泵抽气速率测试步骤 4 ～ 7 和其他气压下真空泵抽气速率计算）校正到额定速度和额定大气压、真空度为 50kPa 时真空泵的抽气速率。记录泵铭牌上或使用说明书中给出的抽气速率在 D.3.7 中（在“限值”一栏）。

（2）调节流量计使真空度达到 D.2.9 中的记录值。可调节式

真空泵可设为任一恒定抽气速率。在 D.3.9 中记录真空泵的抽气速率（见真空系统泄漏量测试步骤 5 和步骤 6）。

（3）重新将真空泵连接至真空系统，将调节器断开。断开奶系统。将空气流量计连接至 A_2 点，调节流量计使 V_p 点的真空度与本阶段测试步骤 2 相同。在 D.3.9 中记录气流量（见真空系统泄漏量测试步骤 5 和步骤 6）。

（4）计算真空系统泄漏量（见真空系统泄漏量测试步骤 7）和允许的真空系统泄漏量（泵最大抽气速率的 5%），记录在 D.3.10 中。

对单级固定抽气量真空泵，允许的最大泄漏量为 D.3.9 中记录值的 5%；对于多极固定抽气量真空泵和可调节式真空泵，允许的最大泄漏量可按 D.3.7 记录值的 5% 计算，但要修正到 D.2.9 中记录的真空度。

（5）重新将带挤奶单元的挤奶系统与带真空关闭阀的其他设备连接。调节流量计使 V_p 处真空度与 D.2.9 相同。在 D.3.11 中记录气流（见输奶系统泄漏测试步骤 1、3 和 4）。

（6）计算奶系统的泄漏量（见输奶系统泄漏测试步骤 7）和允许的奶系统泄漏量（10 L/min + 每个挤奶单元 2L/min），在 D.3.12 中记录泄漏量。

（7）重新安装真空调节器至挤奶状态。

六、脉动系统测试

脉动系统测试，见表 7-6。

表 7-6　脉动系统（对所有挤奶单元或那些有缺陷的挤奶杯组）

单元号	脉动频率(次/分)	最大脉动室真空(kPa)	通道	脉动比率(%)	a相		b相①		c相		d相①		不对称性(%)
					(%)	(ms)	(%)	(ms)	(%)	(ms)	(%)	(ms)	
限值	频率的±5%	—	—	±5	—		30 min	—	—			150 min	最大5
			1										
			2										
			1										
			2										
			1										
			2										
			1										
			2										
			1										
			2										
			1										
			2										
			1										
			2										
			1										
			2										
			1										
			2										
			1										
			2										
			1										
			2										
			1										
			2										

① 带 * 号的表示在 b 相或 d 相中真空度变化超过 4kPa 时

（1）记录下使用说明书中给出的脉动频率和脉动比率。

（2）堵好奶杯塞，将挤奶单元置于最远端挤奶工位运行，绘出脉动曲线和 / 或所有脉动器的参数，将其附在试验报告里，或只标明那些不符合 GB/T 8186 或使用说明书规定的参数。

（3）在 D.2.18 中记录下最远端挤奶单元脉动室最大真空度的最低值（见脉动频率、脉动比率、脉动室真空时相和脉动器真空管道的真空降测试步骤 4）。

（4）计算 D.2.5 和 D.2.16 记录值之差，记录在 D.2.17 中（见脉动频率、脉动比率、脉动室真空时相和脉动器真空管道的真空降测试步骤 5）。

（5）若挤奶单元进气量试验未进行，隔断挤奶系统中的挤奶单元和真空的连接。

七、挤奶单元进气量测试

挤奶单元进气量测试，见表 7-7。

表 7-7　挤奶杯组（针对所有奶杯组或那些有缺陷的奶杯组）

序号	关闭阀泄漏量（L/min）	总进气量（L/min）	奶杯组泄漏量（L/min）	进气孔进气量（L/min）	奶杯组气流量（L/min）
限值	≤2或1/4进气量	≤12	≤2	≥4	≥65

（1）在奶杯或集乳器和长奶管之间连接一个空气流量计，不装奶杯塞，自动关闭阀（见进气孔进气量及奶杯 / 挤奶杯组泄漏量测试步骤 1）处于关闭位置，在表 D.6 中记录下空气流量值作为关闭阀泄漏量（见进气孔进气量及奶杯 / 挤奶杯组泄漏量测试步骤 2）。

（2）插上所有奶杯塞，开启关闭阀（见进气孔进气量及奶杯 / 挤奶杯组泄漏量测试步骤 3），记录下此时气流量作为奶杯组总的进气量（见进气孔进气量及奶杯 / 挤奶杯组泄漏量测试步骤 4）。

（3）封住进气孔，在表 D.6 中记录下此时的空气流量作为奶杯组泄漏量（见进气孔进气量及奶杯 / 挤奶杯组泄漏量测试步骤 5）。

（4）计算出本阶段测试步骤 2 和步骤 3 记录值之差作为进气孔进气量（见进气孔进气量及奶杯 / 挤奶杯组泄漏量测试步骤 6）。在表 D.6 中记录此值。

（5）对于管道式和计量瓶式挤奶设备，记录下使用说明书中给出的长奶管末端的气流量（见长奶管末端空气流量测试）。

使用说明书中一般会详尽地说明长奶管的内径、长度。如奶液由气流提升，为减少不利的搅动，奶牛用长奶管的最大内径应为 16mm，绵羊和山羊用长奶管的最大直径应为 14.5mm。当长奶管连接到单个奶杯时，建议采用更小直径。

（6）检查长奶管的长度和内径（见长奶管末端空气流量测试步骤 1）。

（7）在长奶管末端连接一个空气流量计和一个真空表代替集乳器或奶杯。对于桶式挤奶设备，脉动器应连接挤奶杯组，但挤奶杯组没有接通真空的情况下运行（见长奶管末端空气流量测试步骤 4）。

（8）记录流量计关闭时，或桶式挤奶设备有 10L/min 进气量时，长奶管末端的真空度（见长奶管末端空气流量测试步骤 5）。

（9）打开流量计直至长奶管末端的真空度比本阶段测试步骤 8 测得真空度低 5kPa（见长奶管末端空气流量测试步骤 6）。

（10）在表 D.6 中记录流量计读数作为长奶管末端的流量，对桶式挤奶设备，计算挤奶设备在 Vm 处的工作真空度和本阶段测试步骤 8 测量值之差作为单向阀的真空降。

（11）将挤奶单元与挤奶系统和真空系统断开。

八、真空接头和牛位接口的真空降测试

真空接头和牛位接口的真空降测试，见表 7–8。

表 7–8　真空接头和牛位接口（针对所有单元或那些有缺陷的单元）

位置号	气流量 150L/min 时的接口真空降（kPa）	气压为 5 kPa 时的气流量（L/min）
限值	≤ 5	

（1）对牛位接口，指明使用说明书中的最小气流。

（2）在桶式挤奶设备的真空接头连接一个空气流量计和一个真空表替代挤奶单元或脉动器。

（3）记录流量计关闭时接头处的真空度。

（4）对于真空接头，将流量计调至 150 L/min。当被测接头

处仍在进气时记录接头处和接头上游的真空度，在表 7-8 中记录两个真空度之差作为真空降。

如果 150 L/min 的进气量导致真空管道中的真空降很小，真空接头的真空降可通过在有或无 150L/min 进气时测量同一接头处的两个真空度来获得。因为真空管道中存在真空降，这种测量方法会得到稍高的接头真空降。

（5）对牛位接头，打开流量计直至流量计处真空度比本阶段测试步骤 3 中记录值低 5kPa。

（6）在表 7-8 中记录流量计读数作为牛位接头处的流量。

九、清洗测试

（1）将使用说明书给出的预冲洗用水量、主清洗用水量、最后冲洗用水量、消毒用水量、主清洗结束时水温、碱性洗涤剂用量、酸性洗涤剂用量、无酸预冲洗时间、酸性冲洗时间、酸性洗涤剂用量、无酸后冲洗时间、最后 3min 温度和总用水量的推荐值记入在表 7-9、表 7-10 中对应的“理论值”栏中。

（2）将预冲洗用水量、主清洗用水量、最后冲洗用水量和消毒用水量记入表 7-9 对应的“实际值”栏中。将总用水量记入表 7-10 对应的“实际值”栏中。

（3）在冲洗的过程中，分别对无酸预冲洗、酸性冲洗和无酸后冲洗时间计时，记入表 7-9 对应的“实际值”栏中。

（4）将清洗过程中酸性洗涤剂、碱性洗涤剂的用量记入表 7-9 对应的“实际值”栏中。

（5）测量主清洗结束时水温和清洗快结束时最后 3min 温度，

分别记入表 7-9 和表 7-10 对应的“实际值”栏中。

表 7-9　清洗——循环清洗

序号	步骤	单位	理论值	实际值
D.8.1	预冲洗用水量	（L）		
D.8.2	主清洗用水量	（L）		
D.8.3	最后冲洗用水量	（L）		
D.8.4	消毒用水量	（L）		
D.8.5	主清洗结束时水温	（℃）		
D.8.6	碱性洗涤剂用量	（g）		
D.8.7	酸性洗涤剂用量	（g）		

表 7-10　清洗——开水酸性清洗

序号	步骤	单位	理论值	实际值
D.9.1	无酸预冲洗时间	（s）		
D.9.2	酸性冲洗时间	（min）		
D.8.3	酸性洗涤剂用量	（ml）		
D.8.4	无酸后冲洗时间	（min）		
D.8.5	最后 3min 温度	（℃）		
D.8.6	总用水量	（L）		

参考文献

[1] GB/T 5891—2011《挤奶设备 词汇》

[2] GB/T 8186—2011《挤奶设备 结构与性能》

[3] GB/T 8187—2011《挤奶设备 试验方法》